벌, 우리의 친절한 이웃

The Good Bee: A Celebration of Bees and How to Save Them
Alison Benjamin and Brian McCallum

THE GOOD BEE

우리가 몰랐던 벌에 대한 이야기

벌,
우리의 친절한 이웃

앨리슨 벤저민 & 브라이언 맥캘럼 지음 | 김한슬기 옮김

서문

2006년, 시골의 서식지가 파괴되면서 벌이 생존 위기에 처해 있으며, 근처 마을과 도시가 집을 잃은 벌에게 피난처가 돼 줄 수 있다는 소식을 들었다. 우리는 도시의 양봉가가 되기로 결심했다. 당시 거주하던 런던 서부 아파트 정원에는 풀이 무성했고, 그곳에 벌이 집을 지으면 좋겠다는 생각이 들었다.

하지만 벌에 대한 지식이라곤 벌이 꿀을 따서 모은다는 것밖에 없었다. 행동에 나서기 전에 먼저 공부부터 해야 했다. 우리는 런던양봉협회를 찾아 초급 양봉수업을 들었는데, 정원에서 보던 작고 통통한 줄무늬 뒤영벌 외에도 크기와 모양이 엄청나게 다양한 온갖 종류의 벌이 존재한다는 사실을 그때 처음 알았다. 양봉가가 벌통에서 키우는 벌은 가느다란 말벌처럼 생겼다. 충격적인 사실은 이뿐만이 아니었다. 실제로 꿀을 따서 모으는 벌은 몇 종류 되지도 않았다. 우리는 그해 초여름에 바로 양봉을 시작할 수 있도록 협회에 꿀벌 군집을 신청했다. 꿀통과 방충복을 포함해 양봉에 필요한 모든 장비를 구입하고 꿀벌이 도착하기만 기다렸다. 그리고 마침내 꿀벌을 가지러 오라는 소식을 받았다.

6월에 양봉을 시작하면서 우리는 벌에 완전히 매료됐고 정원을 오가는 벌을 바라보며 벌의 사회 구조를 파악해 나갔다. 놀라웠다. 벌통에 터를 잡은 여왕벌과 암벌, 수벌은 군집의 효율성을 극대화하기 위해 각자의 역할을 엄격하게 지켰다. 벌 군집은 냄새와 춤으로 의사소통을 했다.

우리는 꿀벌 양봉을 계기로 자연의 미묘한 작용에 눈을 떴다. 온도, 습도, 꽃의 숫자가 눈치채기 힘들 만큼 조금만 변해도 1억 년 동안 진화를 거듭해 온 곤충은 민감하게 반응했다. 게다가 꿀벌 덕분에 우리는 지구상에 존재하는 수없이 다양한 벌을 접할 수 있었고, 이제 2만 5천여 종에 달하는 벌을 알게 됐다. 놀랍게도 그중에는 군집을 이루지 않고 혼자 살면서 꿀을 만들지 않는 벌이 훨씬 많다. 후미진 장소나 갈라진 틈새에 집을 짓고 사는 낯선 벌이 점점 눈에 들어오기 시작했다. 우리가 보통 생각하는 벌과는 사뭇 다른 모습을 한 벌이 훨씬 많았다. 하지만 낯선 생물체의 독특한 특징과 특성을 알면 알수록 더 큰 매력을 느끼고 벌다운 모습을 찾을 수 있었다.

앞으로 이 책에서 알아볼 많은 벌이 혼자 집을 짓고 살아간다. 바로 이웃에 집을 짓고 사는 경우가 흔하긴 하지만 어쨌든 독채라는 사실에는 변함이 없다. 고독한 야생벌은 꽃가루 운반에 중요한 역할을 한다. 무리를 지어 사는 소수 종과 마찬가지로, 단생單生벌 또한 인간 식단의 거의 3분의 1에 달하는 음식 공급에 관여하고 있다. 인간뿐만이 아니다. 벌은 새와 동물에게 먹이를 제공하는 동시에 지구상에 존재하는 놀랍도록 다양한 생물체로 구성된 미묘하고 복잡한 먹이 사슬이 균형을 유지하는 데 큰 도움을 준다.

이 책은 벌과 호모 사피엔스 사이의 특별한 관계를 자세히 설명한다. 인류는 무려 2만 년 전부터 꿀을 찾아 나섰고, 벌은 인류에게 달콤한 음식과 촛불, 심지어 약까지 제공해 왔다. 그리고 오늘날 벌은 탄광 속에 갇힌 카나리아처럼 인간에게 자신의 미래는 물론 지구에 터를 잡은 모든 생명의 미래가 위협받고 있다는 신호를 보내고 있다.

꿀벌 군집이 빠르게 붕괴되고 있다는 이야기를 한 번쯤은 들어봤을 것이다. 본문에서는 서식지 파괴, 살충제 사용, 기후변화 등 벌의 개체 감소를 야기한 원인을 살펴볼 예정이다. 하지만 우리는 비극적인 현실을 알리는 데 그치지 않고 농부, 기업가, 그리고 여러분이 벌의 운명을 바꾸는 데 기여하는 다양한 방법을 알아보며 조금 더 희망찬 미래를 그릴 것이다. 변화는 이미 시작됐다. 일부 지역에서는 살충제 사용이 금지됐고, 벌에게 적합한 환경을 조성해 야생벌을 원래 서식지로 불러들이는 야심 찬 프로젝트가 진행되고 있다.

하지만 벌에 애정도 없고, 벌에 대해 잘 알지도 못하는 사람이 벌을 살리는 운동에 동참하기는 어렵다. 그래서 우리는 이 책을 통해 더 많은 이들이 벌에 관심을 가지길 기대한다. 사람들이 지금까지는 전혀 인식하지 못했던 낯선 단생벌이 어떤 이름으로 불리는지, 어떻게 생겼는지, 다리털이 얼마나 보송보송하게 나 있는지, 얼마나 특이한 헤어스타일을 자랑하는지, 어떤 기발한 집짓기 기술을 지녔는지 알게 된다면 놀라운 꽃가루 운반자를 구하고, 더 나아가 우리의 미래를 구하는 데 도움이 되리라고 믿는다.

차례

두 번째 장
벌과 인간

세 번째 장
벌과 위기

네 번째 장

벌과 공존

일러두기

영국에 서식하는 벌 중 국명이 없는 벌은 영어명에 학명을 병기하거나 학명을 소리 나는 대로 표기하였습니다. 본문의 맥락이나 종의 특성을 이해하기에 나은 경우에는 영어명을 그대로 번역하였습니다.

첫 번째 장

벌과 자연

벌은 어디에서 왔을까?

오늘날 우리가 보는 벌은 1억 년도 더 된 오랜 과거부터 꽃밭을 찾아 날아다니며 꿀을 땄다. 오대양 육대주가 모양을 갖추기도 전이었다. 조금 더 기다리면 인도판과 유라시아판이 충돌해 히말라야산맥이 솟아오를 것이었다. 공룡이 살아 숨쉬고 있었고, 조류와 포유류가 막 출현하기 시작했다. 최초의 인류가 탄생하기까지는 아직 억겁의 시간이 남은 먼 과거의 일이다.

기나긴 세월이 흐르는 동안 벌이 어떤 역사를 거쳤는지 완벽히 설명할 수는 없겠지만 과거의 흔적을 담은 화석을 통해 지구상에 처음으로 벌이 나타난 시기와 그 이유를 추측할 수 있다.

벌의 이야기는 식물이 꽃을 피우면서 시작한다.

한 장소에 뿌리를 내린 식물이 다른 장소에 뿌리를 내린 짝과 직접 접촉해 자손을 퍼뜨리기는 쉽지 않다. 동물과 달리 식물은 적당한 짝을 찾아 이곳저곳을 헤맬 능력이 안 되니, 생식활동을 위해서는 반대 성性을 가진 식물 사이를 오가며 유전자를 퍼뜨려 줄 매개가 있어야 한다.

약 1억 5천만 년 전 지구상에 존재하던 식물은 바람의 도움을 받아 자손을 남겼다. 꽃의 수컷에 해당하는 수술에서 꽃가루가 바람에 흩날려 다른 꽃의 암컷에 해당하는 암술머리에 붙으면 수정이 이루어지는데, 이렇게 종족을 유지하려면 엄청난 양의 꽃가루를 생산해야 하는데다가 정확도도 현저히 떨어지니 효율이 좋은 수분 방법이라고는 할 수 없다. 그 때문인지 현재 곡물과 잔디처럼 바람에 의존해 종족을 유지하는 식물은 전체의 20퍼센트 정도에 불과하다.

하지만 자연은 곧 바람을 대체할 방법을 찾아냈다. 동물과 곤충을 이용해 꽃가루를 옮기는 것이다. 무심코 꽃에 앉았다 꽃가루를 몸에 묻힌 곤충이 다른 꽃으로 날아가 암술머리에 꽃가루를 옮기면서 식물의 생식이 이루어진다. 바람에 꽃가루를 날려 보내는 수분 방법보다 동물과 곤충을 매개로 꽃가루를 옮기는 방법이 훨씬 효율적이라는 사실이 입증되자 다채로운 색깔과 달콤한 향기를 뽐내는 식물이 점차 많아졌다.

유전자를 퍼뜨리는 데 곤충의 도움이 얼마나 컸던지 식물은 곤충의 관심을 끌기 위해 경쟁에 나섰다. 수고에 감사하는 의미로 달콤하고 녹진한 꿀을 선물하는 식물이 있는가 하면, 먹음직스런 향기를 뿜어내는 식물도 있다. 곤충은 코끝을 간질이는 향기를 따라 꽃을 찾아 날아다녔다. 화려하고 다채로운 꽃잎으로 곤충을 유혹하는 식물도 등장했다. 심지어 과녁의 중앙을 표시하듯 꽃잎에 무늬를 새겨 화밀花蜜, 즉 꿀이 생산되는 부위로 곤충을 안내하는 식물도 나타났다.

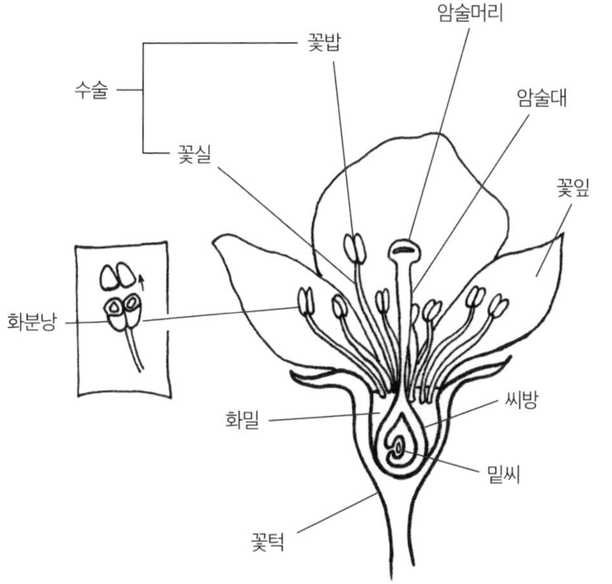

꽃의 구조

벌은 어떤 생물일까?

나비, 나방, 딱정벌레, 벌새, 과일박쥐 등 다양한 곤충과 조류, 포유류가 비행에 필요한 에너지를 보충하기 위해 온몸에 꽃가루를 묻혀 가며 꿀을 따 먹는다. 하지만 벌만큼 수분 작용에 능숙한 생물체를 찾기 힘들다. 왜 그럴까? 벌은 꽃을 맺는 식물에서만 식량을 얻도록 진화했기 때문이다.

벌은 벌목(하이멘오프테라Hymenoptera)이라는 절지동물 곤충류에 속하는데 '하이멘오프테라'는 막을 의미하는 그리스어 하이멘hymen과 날개를 의미하는 그리스어 프테라ptera에서 유래했다. 벌과 함께 개미와 말벌 또한 벌목에 해당한다. 벌과 말벌은 같은 조상을 공유하지만 작은 곤충과 동물의 사체를 뜯어먹으면서 단백질을 보충하는 말벌과 달리 채식을 선택한 벌은 꽃가루를 음미하며 식물의 생식 활동에 결정적인 역할을 수행했다. 애벌레가 번데기를 탈피해 나비로 변신하듯, 알을 깨고 나온 벌 유충 또한 번데기 상태를 거쳐 어른 벌로 성장한다. 하지만 유충이 건강한 벌로 성장하기 위해서는 단백질이 풍부한 꽃가루를 섭취해야 한다. 벌이 부지런히 꽃가루를 나르는 데는 식물의 생식을 돕기 위한 이유도 있지만 스스로 대를 잇기 위한 목적도 있다.

유명한 시인 칼릴 지브란Kahlil Gibran(1883~1931)은 벌과 꽃의 공생 관계를 아름답게 표현했다. "벌에게 꽃은 생명의 샘이요, 꽃에게 벌은 사랑의 전령이다." 꽃을 맺는 식물에게 벌은 큐피드나 마찬가지다. 사랑의 신 큐피드 또한 앙증맞은 날개를 팔락이며 남녀를 이어주지 않는가?

오늘날 꽃가루를 실어 나르며 식물의 수분을 돕는 벌이 무려 2만 5천여 종에 이른다. 간단히 이해를 돕자면 현재 지구상에 존재하는 조류가 약 1만 종, 포유류가 약 5천400종으로 추정된다. 2만 5천여 종의 벌 중에서 우리가 생각하는 벌의 외양에 부합하는 종은 드물다. 어떤 벌은 너무 크고 뚱뚱한가 하면, 어떤 벌은 너무 작고 홀쭉하다. 줄무늬를 가진 벌이 있는가 하면 화려한 색깔로 반짝이는 벌도 있다. 또 모든 벌이 꿀을 따고 침을 쏜다는 오해가 굉장히 흔한데, 사실 꿀을 모으고 침을 쏘는 종種은 꿀벌뿐이다. 실제로는 침을 쏘는 대신 깨물거나 산을 뿌려서 포식자에 대항하는 벌이 많다. 수명이 몇 년이나 되는 벌도 있고, 얼마 살지 못하고 죽는 벌도 있다. 10만 마리가 군집을 이루어 사는 벌도 있지만 혼자 벌집을 짓고 사는 벌이 훨씬 많다. 인간의 땀을 핥아 먹는 벌도 있다. 벌마다 혀의 길이도 다양하다. 땅에 둥지를 트는 벌, 나무 위에 벌집을 짓는 벌, 식물 줄기 속에 보금자리를 마련하는 벌 등 서식 방식도 제각각이다. 아예 집짓기를 포기하고 다른 벌이 이미 만들어 놓은 집을 빼앗는 벌도 있다. 하지만 매서운 바람이 부는 산꼭대기에도, 습한 정글 속에도, 건조한 사막에도, 우리 앞뜰과 뒤뜰에도, 꽃이 피는 곳이라면 어디든지 꽃가루를 퍼뜨리는 벌이 있다. 우리가 오늘날 아름다운 꽃을 감상하고 달콤한 향을 즐길 수 있는 건 모두 벌 덕분이다.

정원사의 도구를 가진 벌

2만 5천여 종의 벌 중 우리 생각처럼 꿀을 저장하고 침을 쏘는 벌은 드물지만 모든 벌은 뛰어난 꽃가루 운반자가 갖춰야 하는 몇 가지 공통점을 보인다.

벌은 머리, 가슴, 배 세 부분으로 나뉜다. 여기까지는 다른 곤충과 똑같다. 하지만 특이하게 벌의 몸은 끝이 여러 가닥으로 갈라진 보들보들하고 가느다란 털로 뒤덮여 있다. 꽃의 남성 부분에 해당하는 수술의 꽃밥(꽃가루를 생성하는 수술의 끝부분)에서 보다 쉽게 꽃가루를 묻히도록 진화한 것이다. 게다가 벌의 복슬복슬한 털에는 전기가 흘러 한층 수월하게 꽃가루를 모을 수 있다. 양전기가 흐르는 털은 벌이 먹이를 찾아 바쁘게 꽃밭을 날아다니는 동안 약하게 음전기를 띠는 꽃가루를 끌어

당긴다. 벌은 오랜 세월 진화를 거듭하며 현존하는 그 어떤 생물체보다 꽃가루를 옮기기에 알맞은 형태를 갖췄다. 즉, 벌의 신체 자체가 정원사의 도구가 되는 셈이다.

벌은 대부분의 곤충과 마찬가지로 5개의 눈을 가지고 있다. 머리 꼭대기에 달린 홑눈 3개는 빛의 변화를 감지하고 거꾸로 비행하는 불상사가 벌어지지 않도록 아래위를 구분한다. 양옆에 자리한 커다란 겹눈 한 쌍은 깊이와 거리를 가늠한다. 겹눈은 5천 개의 작은 수정체로 구성돼 있는데, 각 수정체에 맺힌 상이 겹쳐 멀리서도 꽃잎에 새겨진 무늬를 인식해 꿀샘(꽃에서 꿀을 생산하는 기관) 위치를 파악하고 편광을 지각해 흐린 날에도 태양을 나침반 삼아 비행 방향을 잡는다. 벌은 느리게 움직이지 않는다. 또한 인간과는 조금 다른 방식으로 색깔을 감지한다. 즉, 인간보다 자외선에 민감하기에 노란색과 파란색을 훨씬 강력하게 받아들인다. 따라서 우리가 보기에는 그저 밋밋해 보이는 꽃잎이 벌에게는 자외선을 받아 노란색과 보라색으로 환하게 빛나는 꿀샘 안내선이 그려진 화려한 꽃처럼 보일 수도 있다. 게다가 벌은 꿀샘이 비었을 때 꽃의 미묘한 색깔 변화를 감지하고 다른 꽃을 찾아 나서기도 한다.

벌의 더듬이는 인간보다 수백 배는 예민하게 꽃향기를 감지하도록 진화했다. 벌은 섬세한 후각을 사용해 바람을 타고 날아오는 식물의 미묘한 향기를 추적한다. 공기 중에 떠도는

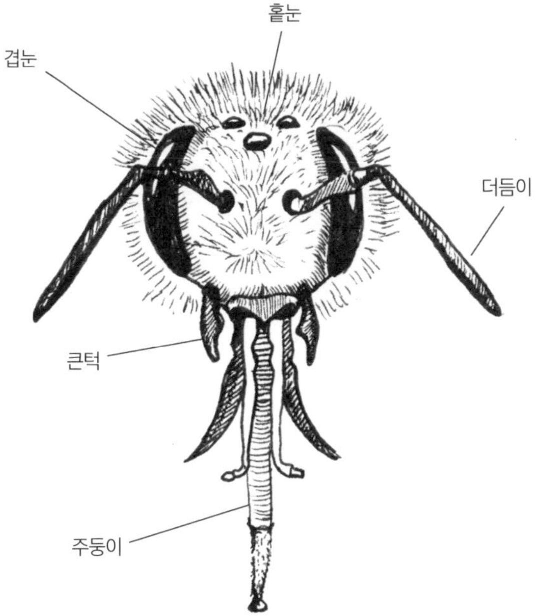

벌의 머리

꽃향기는 벌에게 보물섬으로 향하는 지도라고 할 수 있다.

후각이 예민한 만큼 페로몬은 벌이 살아가는 데 굉장히 중요한 역할을 한다. 벌은 분비샘에서 분비되는 특별한 화학성분을 신호로 삼아 벌집을 찾고, 동료를 구분하고, 짝을 유혹한다. 이뿐 아니라 벌은 침입자에게 경고를 보낼 때도 페로몬을 분비한다. 최근에 발표된 연구 결과에 따르면 자신이 방문한 꽃을 표시하기 위해 발 냄새 페로몬을 남기는 벌도 있다. 아마 자신의 발 냄새 페로몬을 남김으로써 꽃을 지나는 동료 벌이 꿀샘이 이미 비어 버린 꽃을 찾는 헛수고를 하지 않도록 정보를 전달하기 위한 목적으로 추측된다. 페로몬이 사라질 때쯤엔 이미 꿀샘에 꿀이 다시 가득 차올랐을 것이다.

꿀샘은 대부분 꽃의 중앙 깊숙이 자리하기 때문에 벌은 꽃을 샅샅이 뒤져 액체를 빨아들일 수 있는 빨대같이 생긴 특이한 주둥이를 가지도록 구강 구조가 발달했다. 주둥이의 길이는 벌이 어떤 꽃에서 주로 꿀을 채취하고 수분 활동을 일으키는지에 따라 결정된다. 종이나 대롱 모양 꽃잎을 가진 꽃에서 꿀을 따려면 긴 혀가 필요한 반면 벌이 앉아서 쉬어갈 수 있는 납작하고 평평한 꽃에서는 꿀을 따기가 쉬운 편이다.

벌은 이빨 대신 단단한 턱 한 쌍을 지닌다. 두 턱은 집게발처럼 움직여 물건을 들어 올리거나 운반하는 데 사용되는데, 이 기관은 벌집을 지을 때 특히 유용하다.

벌의 가슴은 비행에 필요한 근육을 움직이는 엔진 역할을 한다. 커다란 날개 한 쌍은 완전히 겹쳐서 접히기 때문에 좁은 공간에 들어갈 때도 아무런 방해가 되지 않는다. 벌은 1초에 무려 200번 이상 날갯짓을 한다. 어떤 벌은 자신의 몸무게 절반이 넘는 무거운 꿀과 꽃가루를 가지고 장거리를 이동할 수 있도록 가슴 근육이 특별히 강하게 진화했다.

꿀샘 안내선

벌의 다리는 세 쌍인데, 다리와 발바닥에는 꽃잎 가장자리에 매달리거나 거꾸로 뒤집어져 걸을 수 있도록 작은 갈고리가 붙어 있다. 벌은 감각이 예민한 더듬이를 청소하는 데 앞발을 사용한다. 뒷다리가 꽃가루 운반에 적합하게 바구니 모양으로 발달한 벌도 있는데 이 종種은 중간다리 한 쌍을 부지런히 움직여 뒷다리의 꽃가루바구니에 꽃가루를 쓸어 담는다. 뒷다리가 바구니 모양으로 진화하지 않은 나머지 종은 배 아랫부분에 꽃가루솔이라 불리는 털이 빽빽하게 나 있다. 바구니에 꽃가루를 담는 대신 털에 꽃가루를 잔뜩 묻혀 운반하는 것이다.

벌의 말랑말랑한 배 속에는 장기가 있다. 일벌 꿀벌의 경우 위장과 별개로 꿀주머니가 따로 있어 꿀을 따는 즉시 가공이 시작된다. 일벌의 배 끝부분에는 침이 달려 있는데, 일벌은 이 침으로 자신과 자신의 벌집을 지킨다. 흔히들 벌은 침을 쏘면 죽는다고 오해하는데, 사실 침을 쏘고 죽는 종은 꿀벌이 유일하다. 꿀벌의 침은 낚싯바늘처럼 갈고리가 달려 있어 공격 대상의 피부에 침이 단단히 박히기 때문에 분리되는 순간 몸이 찢겨 죽고 만다. 하지만 다른 일벌의 침은 바늘처럼 곧아서 침을 뽑아서 다시 사용해도 전혀 문제가 되지 않는다.

먼저 자극하지만 않는다면 벌은 대체로 순한 편이다. 몇몇 종은 침이 없는 대신 강력한 턱으로 벌집을 넘보는 침입자를

꿀벌의 화분낭

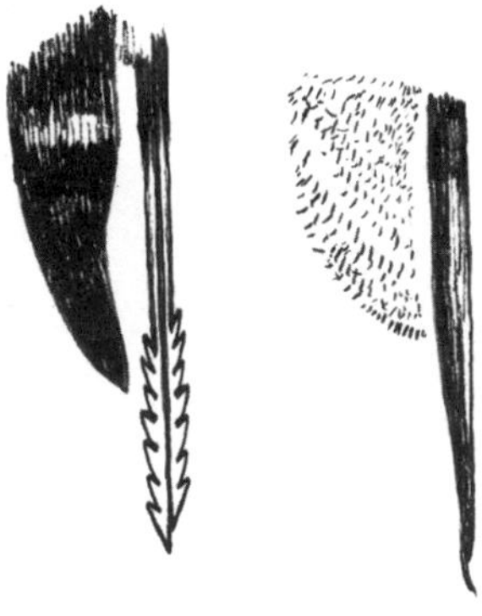

꿀벌 침 뒤영벌 침

벌침

깨물거나 산을 내뿜는다. 수벌은 침이 없다. 침이 있어야 할 자리에 생식기가 있기 때문이다. 수벌이 존재하는 이유는 단 하나, 교미를 통해 유전자를 전파하기 위함이다. 실제로 교미가 끝난 수벌은 얼마 못 가 죽는다. 여러분이 꽃 주변에서 흔히 보는 벌은 대부분이 암컷이다.

인간과 달리 벌은 알을 낳을 때 성별을 선택할 수 있다. 벌은 알을 낳은 후 수정낭(교미할 때 정자를 저장해 두는 주머니)에서 정자를 뿌릴지 말지 결정한다. 수정된 알은 암벌로 부화하고, 수정되지 않은 알은 수벌로 부화한다. 생물학에서는 이를 반

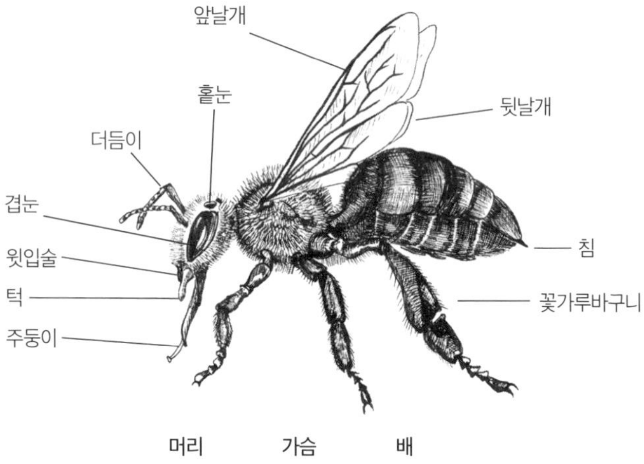

일벌 꿀벌

수성半數性이라고 부른다. 따라서 수벌은 어머니의 유전 형질만 물려받은 반수체인 반면 암벌은 어머니와 아버지의 유전 형질을 모두 물려받은 배수체가 된다.

현대 분류법의 아버지라 불리는 18세기 생물학자 칼 폰 린네Carl Linnaeus는 모든 유기체를 속屬과 종種으로 분류한다는 아이디어를 떠올렸다. 린네가 처음으로 학명을 붙인 벌은 꿀벌, 즉 아피스 멜리페라*Apis mellifera*였다. 여기서 아피스는 벌을 뜻하는 라틴어로 속을 나타내며, 멜리페라는 '꿀을 따다'라는 의미를 지닌 라틴어로 종을 나타낸다. 과거에는 모든 꿀벌을 이렇게 일컬었지만 오늘날에는 유럽에서 기원한 특정 서양 꿀벌 종만을 아피스 멜리페라라는 학명으로 부른다.

벌에 첫 학명이 붙은 이후로 새로운 꿀벌 종이 발견될 때마다 라틴어 또는 그리스어로 종과 속을 구별하고 있다. 이렇게 명명된 학명은 혼란을 줄이는 데 도움이 된다. 같은 벌이라도 나라마다 부르는 이름이 다른 경우가 많기 때문이다. 꿀벌을 가리키는 아피스*Apis*나 뒤영벌을 가리키는 봄버스*Bombus*처럼 각 속은 어떤 특성이나 행동을 공유하는지에 따라 벌을 분류하는 7개의 주요한 과科 중 하나에 소속된다. 모든 꿀벌 및 뒤영벌 종은 꽃벌(앤시오포라*Anthophora*), 어리호박벌(자일로코파*Xylocopa*)과 함께 꿀벌과에 속한다. 꿀벌과에 속하는 벌은 모두 뒷다리에 달린 꽃가루바구니에 꽃가루를 담아 운반한다.

큰 벌과 작은 벌

세상에서 가장 큰 벌인 메가칠레 플루토*Megachile pluto*는 월리스 거인꿀벌Wallace's giant bee이라고도 불린다. 최초 발견자인 빅토리아 시대 동식물 연구가 알프레드 러셀 월리스Alfred Russel Wallace의 이름을 딴 것이다. 월리스 거인꿀벌은 몸통 길이가 약 4센티미터에, 날개 길이가 무려 6.3센티미터에 달한다. 거대한 턱은 사슴벌레의 집게를 떠올리게 한다. 한때 멸종됐다고 여겨진 월리스 거인꿀벌은 마지막으로 목격된 지 38년 만인 2019년에 인도네시아의 한 섬, 나무 위 흰개미집 안에서 다시 포착됐다. 반면 세상에서 가장 작은 벌은 호주 토종벌인 유리글로시나*Euryglossina*(콰시헤스마*Quasihesma*)로 몸길이가 채 2밀리미터조차 안 된다.

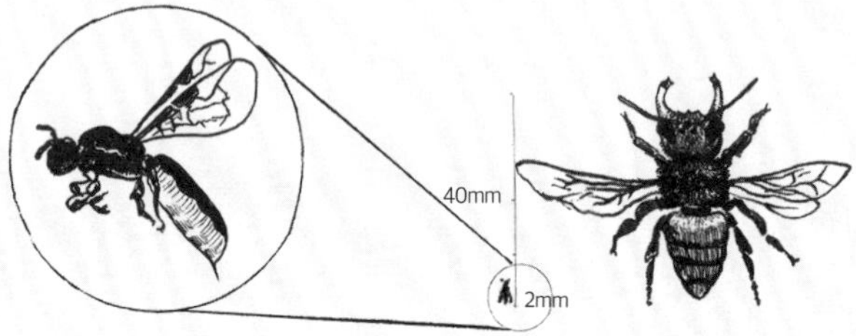

뒤영벌의 날갯짓

'벌'이라는 단어를 들으면 통통한 몸통에 까만색과 노란색 줄무늬가 그려진 뒤영벌을 떠올리는 사람이 대부분일 것이다. 빽빽하게 난 털과 선명한 무늬를 뽐내며 여유롭게 꽃밭을 날아다니는 동그랗고 귀여운 뒤영벌은 어린이 책에 자주 등장하며 친근한 이미지를 심어줬다.

이제 놀라운 사실을 말해주겠다. 친근한 이미지와 달리 뒤영벌은 전 세계 벌 개체 수의 1퍼센트에 채 못 미칠 뿐 아니라, 우리가 먹는 꿀을 생산하지도 않는다.

뒤영벌은 모두 '봄버스'라는 이름을 공유한다. 이 이름은 붕붕댄다는 뜻을 지닌 라틴어 단어에서 유래했다. 봄버스속에 포함된 250개 종은 북반구에서 주로 발견되는데, 크기가 꽤

큰데다 털이 빼곡히 나 있어 낮은 온도에 잘 견디기 때문이다. 뒤영벌은 3천만 년에서 4천만 년 전에 중앙아시아에서 기원했다고 추정된다. 현재도 중앙아시아에 상당수가 남아 있지만 히말라야산맥과 유럽, 중국, 심지어 북극권 북부까지 확산됐다. 그리고 약 2천만 년 전 북아메리카로 건너간 일부 뒤영벌이 남아메리카로 내려갔다. 남반구에서는 유일하게 남아메리카에서만 토종 뒤영벌을 찾아볼 수 있다.

지금은 영어로 뒤영벌을 범블비bumblebee라고 표기하지만 1920년대까지만 해도 험블비humble-bee라는 표현이 훨씬 흔했다. 험블비라는 단어는 윌리엄 셰익스피어William Shakespeare의 희극 「한여름 밤의 꿈A Midsummer Night's Dream」(1595~1596), 찰스 다윈Charles Darwin의 저서 『종의 기원On the Origin of Species』(1859)에도 등장한다. 심지어 1912년 프레데릭 슬레이든Frederick Sladen이 뒤영벌을 주제로 집필한 최초의 책에는 『험블비: 이들의 일생과 역사를 알면 길들이는 방법도 보인다The Humble-bee: its life

뒤영벌

history and how to domesticate it』라는 제목이 붙었다. 베아트릭스 포터Beatrix Potter의 동화책 『티틀마우스 아주머니 이야기Tale of Miss Tittlemouse』(1910)에 범블비라는 표현이 거의 처음으로 사용됐다. 동화에서 퀸 배비티 범블Queen Babbitty Bumble은 집 꾸미기에 열심인 생쥐가 견과류를 모아 두는 낡은 창고에 이끼로 집을 짓는다.

이후로 범블비라는 이름이 자리를 잡았다. 통통한 벌이 꽃들 사이를 '붕붕대며' 날아다니는 모습을 놀라우리만치 적절하게 표현하기 때문이다. 뒤영벌의 동글동글한 체형은 공기역학 법칙에 위배되는 것처럼 보여 도대체 어떻게 날 수 있는지 궁금해질 지경이다. 어쨌든 뒤영벌은 무거운 짐을 지고도 거대한 몸통을 공중에 띄운다. 어떻게 비행이 가능한 걸까? 무시무시한 힘과 기술이 합쳐져 눈으로 보고도 믿기 어려운 결과가 나온 듯하다. 우리는 뒤영벌의 비행에서 영리한 생물공학 원리를 찾을 수 있다. 뒤영벌은 분당 200번 날갯짓을 하는데, 날개를 아래위로 움직이는 대신 앞뒤로 흔든다. 이로 인해 토네이도와 비슷한 작은 소용돌이가 만들어지고, 그 가운데에 생성된 저기압이 날개 위에 머무는 동안 고기압은 벌이 공기 중에 머무르도록 아래에서 몸통을 떠받친다. 놀라운 생물공학과 날개를 이리저리 비트는 강력한 근육 덕분에 뒤영벌은 매우 섬세한 비행이 가능하다.

사회적인 벌

꿀벌과 마찬가지로 뒤영벌 역시 여왕벌, 일벌, 몇몇 수벌이 군집을 이루고 살아간다. 하지만 뒤영벌이 이루는 군집의 규모에 비해 뒤영벌이 생산하는 꿀은 1년에 고작 몇 그램밖에 안 된다. 매년 늦여름이면 뒤영벌 군집은 죽어 없어지기 때문에 겨울을 대비해 꿀을 저장해 둘 필요가 없기 때문이다. 뒤영벌 군집과 다르게 꿀벌 군집은 1년 내내 유지되기에 기온이 떨어지면서 식량이 부족해지는 겨울을 나기 위해서는 미리 어마어마한 양의 꿀을 비축해 둬야 한다.

뒤영벌 군집의 수명은 1년에 불과하지만 어린 여왕벌은 동면 상태로 몸에 비축한 지방분을 소모하면서 겨울을 견딘다. 여왕벌은 마멋이나 겨울잠쥐처럼 봄이 돌아오면 겨울잠에서 깨 땅에 조그만 구멍을 뚫고 지상으로 올라오거나 흙더미 밑에서 모습을 드러낸다.

드물지만 날씨가 덜 풀려 땅에 아직 살얼음이 껴 있을 때 커다란 여왕 뒤영벌이 눈송이나 크로커스 사이를 날아다니거나 높다란 버드나무에 핀 꽃송이에 앉아 있는 모습이 포착되기도 한다.

뒤영벌은 매년 가장 이른 시기에 나타나는 벌 중 하나이다. 특별한 신체조건 덕분에 거세게 몰아치는 비바람과 서늘한 날씨를 견딜 수 있기 때문이다. 뒤영벌의 두꺼운 껍질에는 보온 효과가 있는데다가 날개를 움직이지 않고도 비행에 사용되는 근육을 움직여 내부에서 열을 발산할 수 있다. 근육을 수축하면 주변에 비해 현저히 따뜻하게 체온을 유지할 수 있지만 그만큼 에너지가 많이 소비된다. 뒤영벌은 체온이 27도 이하로 떨어지면 비행할 수 없기에 몸을 따뜻하게 유지하기 위해서는 끊임없이 무언가를 먹어야만 한다. 방금 음식을 섭취한 뒤영벌이 굶어 죽기까지 걸리는 시간은 40분에 불과하다. 에너지가 고갈된 뒤영벌은 날 수 없고, 날 수 없으면 꽃에서 꿀을 따먹을 수 없다. 봄철 바닥이나 꽃에 가만히 앉아 있는 여왕 뒤영벌을 본다면 친절을 베풀어 주길 바란다. 설탕물 한 방울로 아사 직전까지 간 뒤영벌의 목숨을 구할 수 있다.

겨울이 끝나고 가장 일찍 모습을 드러내는 벌 중 하나는 여왕 서양뒤영벌(봄버스 테레스트리스*Bombus terrestris*)로, 20밀리미터 정도 되는 크기와 밝은 색깔을 띠는 엉덩이로 구별할 수 있다. 이른 봄 개암나무, 오리나무, 갯버들 근처에서 붕붕대는 소리가 들린다면 그건 아마 여왕 서양뒤영벌일 것이다. 여왕 서양뒤영벌은 늘어진 꽃차례를 돌아다니며 단백질이 풍부한 꽃가루를 모은다. 이렇게 모은 꽃가루는 알이 부화하는 데 훌륭한 영양소를 공급한다. 알이 어느 정도 성숙하면 여왕 서양뒤영벌은 지난여름 교미를 하면서 몸속에 저장해둔 정자를 꺼내 새로운 군집을 형성하기 시작한다.

활기찬 생명력이 느껴지는 어느 봄날 시골길을 산책한다면 아래쪽을 내려다보자. 아직 어린 여왕 서양뒤영벌이 지그재그

크로커스와 여왕 서양뒤영벌

로 비행하는 모습을 볼 수 있을지도 모른다. 여왕벌은 새로운 보금자리를 찾고 있을 확률이 높다. 빈 쥐구멍은 완벽한 집이 돼 줄 것이다. 꼭 쥐구멍이 아니라도 땅 밑에 적당한 공간을 발견한 여왕벌은 안으로 기어들어가 가정을 꾸릴 만큼 넓이가 확보되는지 확인한다. 운 좋게 이미 이끼나 풀, 짐승의 털같은 단열재가 마련돼 있는 굴을 찾은 여왕벌도 간혹 있다.

도시에 사는 서양뒤영벌은 정원에 지어진 창고나 집 뒤편 테라스에 주로 서식한다. 심지어 보도블록 사이에 난 틈을 비집고 들어가 집을 짓는 경우도 있다. 실제로 우리는 어느 해 여름 집 앞 보도블록의 자그마한 틈 사이를 비집고 들어가는 서양뒤영벌 군집을 목격했다.

같은 뒤영벌과에 속하더라도 종에 따라 보금자리 선택이 달라진다. '섬유를 가지런히 빗는다'는 의미를 지닌 그리스 고어에서 이름이 유래된 진뒤영벌(봄버스 파스큐오럼*Bombus pascuorum*)은 갈색을 띤 작은 뒤영벌로 땅 바로 위에 집을 짓는 습성이 있다. 진뒤영벌은 뒷다리에 난 짧은 털을 이용해 식물에서 '빗어낸' 이런저런 재료와 잎사귀를 한데 쌓아 올린 나뭇잎 더미를 보금자리로 삼을 때도 있다.

봄버스 프라토룸*Bombus pratorum*이라는 학명이 붙은 뒤영벌은 화사한 노란 띠와 붉은 엉덩이로 지나가는 이들의 눈을 사로잡는다. 이 뒤영벌은 잔디 깎는 기계와 바구니에 보금자리

진뒤영벌

를 마련한다. 붉은꼬리뒤영벌(봄버스 라피다리우스*Bombus lapidarius*)은 주로 나무로 만든 새집에 터를 잡지만 날지 못하는 아기 새가 있는 새집만은 탐내지 않는다. 나무뒤영벌이라고도 불리는 붉은뒤영벌(봄버스 히프노럼*Bombus hypnorum*)은 별명에서 짐작할 수 있듯 높은 곳을 선호한다. 흰색, 검은색, 연한 적갈색 털이 적절하게 섞인 붉은뒤영벌은 빈 새집 주변에서 자주 포착된다. 주황색 또는 검은색 엉덩이가 특징적인 북아메리카 대륙의 봄버스 멜라노피구스*Bombus melanopygus*는 다락방에서 흔히 발견된다.

모든 여왕 뒤영벌은 각자 살 집을 찾아야만 한다. 짝은 이미 지난여름 교미가 끝난 후에 죽어 버렸으니 이제 여왕벌은 다른 2만 5천여 종의 벌과 마찬가지로 혼자서 알을 낳고 부화시켜야만 한다. 하지만 홀로 보금자리를 지어 독립적인 삶을 살아가는 단생벌과 달리 여왕 뒤영벌에게는 군집을 이루고 공동체를 형성하기에 충분할 만큼 큰 집을 마련해야 한다는 과제가 주어진다.

뒤영벌의 생애 주기

여왕 뒤영벌은 군집을 이루기에 적당한 장소를 찾아 아늑하게 가구를 배치한 뒤 분비선에서 분비되는 밀랍으로 구조물을 만든다. 꽃에서 딴 꿀을 원재료로 밀랍을 만들고 꽃가루와 섞어서 주둥이로 반죽해 골무 모양 꿀단지를 빚는다. 여왕벌은 꿀과 침을 섞어 꿀단지에 저장한다. 이렇게 모은 꿀은 여왕벌이 알을 부화시키는 데 필요한 훌륭한 에너지 공급원이 된다. 마치 새가 알을 품을 때처럼 여왕벌 또한 알을 품을 때 알의 온도가 30도 이하로 떨어지지 않도록 몸을 떨고 근육을 움직이며 열을 낸다.

일부 뒤영벌 종은 꽃가루를 저장하고 알을 낳기 위한 용도로 밀랍 단지를 따로 만든다. 이런 단지를 마련하지 않는 뒤영벌은 꽃가루를 완두콩 크기 정도로 동그랗게 뭉치고 밀랍을 분비해 겉을 감싼다. 그리고 꽃가루 덩어리 중간에 작은 구멍을 뚫은 뒤 구멍 안에 길쭉한 소시지 모양 알 16개를 줄줄이 밀어 넣는다. 첫 출산이다.

4일 정도 지나면 알에서 유충이 부화하고 꽃가루를 먹기 시작한다. 이때부터 여왕벌은 본격적으로 바빠진다. 여왕벌은 해가 뜰 때부터 질 때까지 새끼가 배를 곯을까 온 동네를 날아다니며 먹이를 찾고, 유충이 비좁은 공간에 갇혀 성장에 문제가 생길까 밀랍으로 유충 개수만큼 방을 짓는다. 유충은 여왕벌이 가져오는 꽃가루를 먹고 자란다. 따라서 힘들게 낳은 첫 자식을 잘 키우려면 꽃가루를 최대한 빨리, 최대한 많이 모아야 한다.

유충은 도저히 더는 뚱뚱해질 수 없을 것 같을 때까지 꽃가루를 먹고 또 먹는다. 덩치가 커질 만큼 커지면 유충은 입으로 비단을 토해내 몸을 감싼다. 이렇게 만든 고치 안에서 유충은 어른 뒤영벌로 특별한 변신을 시작한다.

고치를 틀고 2주가 지나면 어엿한 어른 벌이 된 유충이 고치를 깨물어 찢고 밖으로 나온다. 몸에 아직 줄무늬가 생기지 않았지만 며칠만 지나면 복슬복슬한 줄무늬가 나타날 테니 이 정도면 완벽한 성체나 마찬가지라고 할 수 있다. 여왕벌이 낳은 첫 자식은 모두 암컷으로 앞으로 이 딸들은 어머니 대신 꿀과 꽃가루를 채취하고, 보금자리를 가꾸고, 집을 지킬 것이다. 여왕벌과 일벌이 분업을 시작한다는 점에서 이는 군집이 사회를 형성하는 초기 단계에 해당한다. 첫 번째 낳은 알이 일벌로서 제 역할을 할 수 있을 때쯤 되면 여왕벌은 두 번째 알을 낳는다. 물론 부화한 알에게 먹이를 주는 일은 일벌이 담당한다.

처음으로 채집에 나선 일벌은 벌집 주변을 둥글게 비행한다. 이는 주변을 살피고 방향을 파악하고 집으로 돌아오는 길을 익히기 위해 순찰을 도는 행동이라고 볼 수 있다. 채집을 마치고 집으로 돌아올 때 길을 헤매지 않도록 커다란 건물이나 나무처럼 두드러진 특징을 기억하면서 머릿속에 나름대로 지도를 그리는 것이다. 영어로 최단거리를 비라인beeline이라고 부른다는 사실로 추측할 수 있듯, 일벌은 곧 집으로 향하는 지름길을 찾는다. 집 근처에 접근하면 일벌은 예민한 후각으로 여왕벌 또는 자매벌이 남긴 독특한 페로몬을 감지한다.

연구 결과에 따르면 뒤영벌은 최대 시속 25킬로미터로 비행할 수 있다. 비행 거리는 종에 따라 달라지기도 하고, 먹이 유무에 따라 차이가 생기기도 한다. 일벌 진뒤영벌은 벌집을 기준으로 반경 450미터까지 비행이 가능한 반면, 일벌 서양뒤영벌은 750미터까지 이동할 수 있다. 뒤영벌 군집에 먹이가 부족하면 일벌이 이동 가능한 거리가 멀수록 생존 가능성이 커진다. 우리 주변에서 서양뒤영벌이 가장 자주 눈에 띄는 이

유 또한 비행 거리로 설명할 수 있다.

한여름부터는 일벌 뒤영벌만이 먹이를 찾아 집을 나선다. 여왕벌은 집에 머물면서 더 많은 알을 낳아야 하기 때문이다. 날씨가 건조해서 먹이가 충분히 확보될수록 여왕벌은 더 많은 알을 낳고, 순식간에 형제자매 수가 수백으로 늘어나며 거대한 군집이 형성된다. 조건이 맞으면 서양뒤영벌과 북아메리카의 동부뒤영벌(봄버스 임파티엔스*Bombus impatiens*) 군집은 개체 수가 500마리에 달하는 대가족으로 성장할 수 있다. 반면 봄버스 프라토룸 군집은 이보다 훨씬 작아 일벌 수가 평균 200마리에 그치는 경우가 대부분이다.

온 사방에 모양을 잘못 빚은 듯한 찌그러진 밀랍 단지가 늘어져 있는 뒤영벌 벌집은 놀랍도록 지저분하다. 금방이라도 무너질 것 같아 보이는 둥그런 벌집은 마치 바람이 빠져 아무렇게나 찌그러진 축구공을 떠올리게 한다. 정육각형으로 빚은 밀랍이 질서정연하게 제자리를 찾아 건축학적으로 완벽한 구조물과는 전혀 공통점이 없다. 뒤에서 이야기하겠지만 우리가 생각하는 벌집은 몇몇 벌침이 없는 무침無針벌과 꿀벌의 작품이다(67페이지 참고).

여름이 끝나가는 시점이 다가오면 여왕벌은 세대교체를 위해 새로운 군집을 만들 계획을 세우기 시작한다. 지금까지 줄곧 암컷 일벌을 부화시키던 여왕벌은 이제 수벌과 다음 세대를 이끌 여왕벌을 낳는다. 학계에서는 여왕벌이 특별한 페로몬을 방출함으로써 유충이 일벌로 성장하도록 유도한다고 추측한다. 따라서 여왕벌이 수정란에 이 페로몬을 방출하지 않는다면 암컷 유충은 새로운 여왕벌로 자랄 것이다. 앞에서 설명했듯 정자를 뿌리지 않은 알에서는 수벌이 태어난다. 이렇게 탄생한 차기 여왕벌과 수벌은 벌집을 벗어나 교미를 한다.

수컷 뒤영벌이 만드는 순환

늦여름에 꽃밭을 찾으면 수컷 뒤영벌이 옹기종기 모여 꿀을 마시거나 이제 곧 교미를 시작할 여왕벌을 기다리며 주변을 어슬렁대는 모습을 어렵지 않게 관찰할 수 있다. 수컷 뒤영벌은 암컷보다 작고 날씬하며, 대체로 털 색깔이 더 밝은 편이다. 붉은꼬리뒤영벌을 비롯한 몇몇 종은 암컷과 수컷의 색깔이 완전히 다르다. 암컷 붉은꼬리뒤영벌은 검은 몸통에 대비되는 강렬한 빨간 엉덩이를 가지고 있어 눈에 잘 띄는 반면 수컷 붉은꼬리뒤영벌은 머리와 가슴팍이 노란색인데다가 등은 그보다도 연한 색상을 띠고 있어 존재감이 크지 않다. 수벌은 교미를 위해 존재하니 보통은 먹이를 모으지 않고, 당연히 꽃가루바구니에 꽃가루를 담아 다닐 필요도 없다. 또한 수벌은 침을 쏘지 않는다. 침이 있어야 하는 자리에 남성의 성기와 모양이 비슷한 생식기가 있기 때문이다. 수벌은 이 생식기를 통해 여왕벌 체내에 정자를 주입한다. 공격수단이 없는 수벌은 위험하지 않다. 그러니 암벌을 찾는 수컷 붉은뒤영벌 수백 마리가 새집 앞을 막아서고 위협적으로 붕붕대도 혹시 쏘이지 않을까 걱정할 필요는 전혀 없다.

봄버스 루포싱투스*Bombus rufocinctus*, 봄버스 그리세오콜리스*Bombus griseocollis*, 봄버스 네바덴시스*Bombus nevadensis*를 포함해 북아메리카에 서식하는 일부 뒤영벌 종의 교미 방식은 이미 연구를 통해 밝혀졌다. 수컷 뒤영벌은 이른 아침 적당한 장소에 자리를 잡고 공격적인 태도로 다른 수벌을 경계하면서 암벌을 유혹하는 페로몬을 분비한다. 수벌은 같은 자리에서 짧게는 몇 시간, 길게는 며칠까지 암벌이 찾아오길 기다린다.

암벌이 근처에 접근하면 수벌은 뒤에서 아직 교미 경험이 없는 여왕벌을 붙잡고 짝짓기를 시도한다. 접근은 대개 비행 중에 이루어진다. 여왕벌은 수벌보다 덩치가 커서 자격이 부족한 수벌이라면 몸을 흔들어 떨쳐낼 수 있다. 꿀벌과 달리 뒤영벌은 단 한 마리의 수벌과 교미를 하기 때문에(74페이지 참고) 후세에 좋은 유전자를 남기려면 최대한 강하고, 튼튼하고, 매력적인 수벌을 골라야 한다. 반면 수벌은 여러 차례 교미가 가능하다. 수벌의 목적은 유전자를 널리 퍼뜨리는 것뿐이다. 수벌은 배 끝부분에 달린 교미기로 암벌을 강하게 붙잡고 생식기를 삽입한다. 정자를 배출한 후에는 암컷이 다른 수컷과 교미를 하지 못하도록 끈적끈적한 물질을 분비해 암컷의 생식기를 틀어막는다.

짝짓기를 하는 시기는 뒤영벌 종마다 다르다. 봄버스 프라토룸은 한여름에 들어서자마자 짝짓기를 하는 반면, 진뒤영벌은 여름이 다 끝나 갈 때가 돼서야 짝짓기를 한다. 따뜻한 날씨에 꽃이 만개한 계절이지만 짝짓기가 끝난 여왕벌은 꿀을 최대한 많이 섭취해서 살을 찌우고 에너지를 비축하면서 긴 잠에 빠질 준비를 한다. 포동포동하게 살이 오른 여왕벌은 곧 동면에 들어간다.

새롭게 탄생한 여왕벌이 미래를 준비할 때, 여왕벌의 고향이나 다름없는 뒤영벌 군집은 쇠퇴의 길을 걷는다. 수명을 다한 일벌은 하나씩 죽고, 무리를 거느리던 여왕벌은 힘을 잃고 비실댄다. 늦여름 꽃밭을 잘 살펴보면 날갯짓을 할 힘조차 없어 꽃잎 위에 가만히 내려앉은 뒤영벌을 찾을 수 있을 것이다. 이제 여왕벌의 여정은 끝을 향해 간다. 기력이 다한 여왕벌에게 설탕물 한 방울은 더 이상 도움이 되지 않는다. 자연의 이치를 거스를 수는 없기 때문이다. 어쨌든 성공적으로 군집을 이뤄 유전자를 이어갈 수벌과 다음 세대를 이끌어 갈 암벌을 낳았으니 여왕벌은 자신에게 주어진 임무를 완수했다. 게다가 군집이 번성하는 과정에서 다양한 식물의 꽃가루를 옮기며 풍부한 과일과 견과류 씨앗을 퍼뜨렸다. 벌을 매개로 새로운 생명을 얻은 식물은 수많은 야생동물과 인간에게 풍부한 먹이를 제공할 것이다.

벌이 붕붕대는 숲

다양한 종류의 뒤영벌을 가까이에서 관찰하고 싶다면 앞마당에 디기탈리스를 잔뜩 심는 것을 추천한다. 한여름이 되면 높다랗게 자란 디기탈리스가 자석처럼 뒤영벌을 끌어모을 것이다. 실제로 한여름 커다란 종 모양 꽃에 파묻힌 디기탈리스 줄기에 벌이 줄줄이 내려앉은 모습이 심심찮게 보인다.

디기탈리스 꽃밭 근처 적당한 자리에 있는 벤치에 앉아 가만히 기다리면 뒤영벌이 꿀과 꽃가루를 모으면서 분주하게 하루를 보내는 장면을 지켜볼 수 있다. 아담한 뒷마당 우뚝 솟은 디기탈리스 밭 한가운데 숨을 죽이고 앉아 벌이 붕붕대는 소리를 듣고 있자면 마치 윌리엄 버틀러 예이츠William Butler Yeats의 시에 등장하는 '벌이 붕붕대는 숲'에 들어와 있는 느낌이 든다.

오동통한 정원뒤영벌(봄버스 호르토룸*Bombus hortorum*)은 디기탈리스 꽃 주변에서 흔히 보이는 벌 중 하나로, 여러분도 한 번쯤은 본 적이 있을 것이다. 정원뒤영벌의 혀 길이는 평균 15밀리미터로 이는 살이 통통하게 오른 몸통 길이와 거의 비슷하다. 정원뒤영벌은 기다란 혀 덕분에 다른 뒤영벌보다 한결 수월하게 꽃잎 깊숙한 곳에 숨겨진 꿀을 따 먹는다. 정원뒤영벌의 머리에는 베레모 모양으로 검은 털이 나 있고, 가슴팍에는 노란 털이 보송보송하게 올라 있다. 정원뒤영벌은 혀를 주둥이 밖으로 쭉 빼놓고 이 꽃에서 저 꽃으로 옮겨 다니며 꿀을 빨아 먹는다. 꽃잎 안으로 쏙 들어갔다가 통통 튕기듯 다른 꽃으로 날아가는 정원뒤영벌을 보면 저절로 기분이 좋아진다.

정원뒤영벌보다 몸집이 작은데다가 혀까지 짧은 진뒤영벌은 꿀을 한 모금이라도 마시려면 꽃에 파묻히다시피 몸을 구겨 넣어야 한다. 꽃잎 사이로 모습을 감춘 진뒤영벌이 몇 분 뒤 다시 꽃 밖으로 나왔을 때는 갈색 털에 꽃가루가 잔뜩 묻어 원래의 모습을 알아볼 수 없을 지경이다. 꽃에게는 잘된 일이지만 꽃가루 범벅이 된 진뒤영벌을 보고 웃음이 나는 건 어쩔 수 없다.

디기탈리스 꽃을 자세히 살펴보면 바닥에 구멍이 난 꽃잎을 발견할 수 있다. 꿀도둑이 남긴 흔적이다. 꽃과 벌은 공생하는 관계지만 짧은 혀 탓에 꿀을 따 먹기 어려운 몇몇 뒤영

정원뒤영벌

벌 종은 꿀샘 가까이에 구멍을 뚫어 주둥이를 밀어 넣고 꿀을 빨아들인다. 꽃 중앙 깊숙한 곳에 꿀샘이 숨어 있어 짧은 혀로 꿀을 따기가 힘든 건 이해하지만 꽃이 꽃가루를 퍼뜨리는 데는 아무런 도움을 주지 않고 꿀만 쏙 빼가는 행동이 아무래도

얌체 같다는 사실은 변하지 않는다. 혀가 짧은 서양뒤영벌은 특히 자주 도둑질을 한다. 문제는 이뿐만이 아니다. 붉은뒤영벌과 붉은꼬리뒤영벌, 꿀벌 등 혀가 짧은 다른 벌 또한 서양뒤영벌이 뚫어 놓은 구멍으로 꿀을 빨아 먹을 가능성이 크다. 꿀 도둑질은 혀가 짧은 벌이 쉽게 꿀을 따 먹을 수 있는 납작하고 평평한 데이지같은 꽃이 드문 장소에서 빈번하게 일어난다.

꿀을 훔쳐 먹는 벌

조용한 포식자

암컷 뒤영벌은 벌집에 위협이 가해지면 침을 사용해 상대를 공격한다. 하지만 인간의 입장에서 벌이 위협을 느끼고 있는지 판단하기는 쉽지 않다.

여러분이 너무 가까이 다가왔다고 생각하면 뒤영벌은 경고 신호를 보낼 것이다. 먼저, 앞다리를 들고 '물러서라'는 의사를 표현한다. 우리가 보기에는 반갑게 손을 흔들어 주는 것 같아 마냥 귀엽게 보이지만 사실 이는 공격 신호이고 물러나지 않으면 벌에 쏘일 수도 있다.

뒤영벌의 화려한 줄무늬는 포식자에게 '나를 잡아먹으려다가 벌침에 쏘일 수도 있다'는 메시지를 보낸다. 심지어 침이 없는 수벌 또한 자신이 위협적인 존재라고 포식자를 속이기 위해 화려한 줄무늬 털옷을 입고 있다.

뒤영벌의 보금자리를 갈가리 찢어 놓는 오소리, 밍크, 스컹크도 굉장히 위험하지만 뒤영벌에게 가장 큰 위협이 되는 존재는 따로 있다. 바로 조용한 포식자 벌집나방이다.

벌집나방은 벌집에 알을 낳는다. 그리고 알에서 부화한 나방 애벌레는 벌 유충, 밀랍, 꿀, 꽃가루를 가리지 않고 무엇이든 먹어 치운다. 다 큰 어른 벌도 예외는 아니다. 뒤영벌은 벌집나방 애벌레의 공격에 속수무책으로 당할 뿐이다. 봄에 형성된 뒤영벌 군집 중 건재하게 몸집을 불리는 군집은 일부에 불과하다. 실패율이 이렇게 높으니 유전자를 잇기 위해서는 차세대 여왕벌을 많이 생산할 수밖에 없다. 게다가 건강하게 군집을 키우는 데 성공했지만 벌집에 뻐꾸기 새끼가 몰래 숨어드는 문제가 생기기도 한다. 다른 새가 힘들게 만든 둥지에 알을 낳는 뻐꾸기처럼 뒤영벌 중에도 이미 안락한 환경이 조

경고 신호

벌집나방

성된 다른 벌집에 침입하는 종이 있다. 뻐꾸기벌은 몸집과 생김새가 비슷한 벌의 보금자리에 슬쩍 찾아가 여왕벌을 죽이고 그 여왕벌이 낳은 일벌이 자신에게 복종하도록 강력한 페로몬을 분비한다. 비겁한 방식으로 남의 군집을 차지한 뻐꾸기 여왕은 수벌과 새로운 여왕벌만을 낳는다. 이미 밖에서 먹이를 구해 올 일벌은 충분하니 굳이 암벌을 낳을 필요가 없기 때문이다.

영국에 서식하는 24개 뒤영벌 중 뻐꾸기뒤영벌은 총 6종으로, 그 가운데 가장 흔히 발견되는 숲뻐꾸기뒤영벌(봄버스 실베

숲뻐꾸기뒤영벌

스트리스*Bombus sylvestris*)은 봄버스 프라토룸 군집에 기생한다. 북아메리카에 서식하는 봄버스 인술라리스*Bombus insularis*는 7종이 넘는 뒤영벌 군집에 숨어들며 막무가내 뻐꾸기뒤영벌이라는 별명을 얻었다.

세계 각지에 터를 잡은 뒤영벌

현재 250종이 넘는 뒤영벌이 전 세계 각지에 터를 잡고 살아간다. 우리가 조성한 도시 정원을 방문하는 7종은 유럽과 아시아에서 흔히 관찰된다.

북아메리카 토종벌 46종은 화려한 생김새를 자랑한다. 그중에서도 삼색뒤영벌(봄버스 테르나리우스*Bombus ternarius*)은 선명한 주황색 재킷과 노란색 몸통, 검은 머리와 엉덩이로 눈길을 사로잡는다. 사냥꾼뒤영벌(봄버스 헌티*Bombus Huntii*)은 넓은 주황색 띠가 특징적이다. 미국 동부에서 가장 흔히 관찰되는 뒤영벌 종인 동부뒤영벌(봄버스 임파티엔스)은 검은 몸통에 짤막한 노란 재킷을 걸친 것처럼 보인다. 서부에서 쉽게 찾아볼 수 있는 봄버스 비파리우스*Bombus bifarius*는 검은머리 뒤영벌이라는 별명으

북극양귀비에 앉은 북극뒤영벌

로 불린다.

유럽에 서식하는 뒤영벌 68종 중에서는 우크라이나와 러시아가 근거지인 봄버스 프라그란스*Bombus fragrans*가 가장 널리 분포돼 있다. 유럽에서 흔히 보이는 봄버스 프라그란스는 독특한 외양으로 유명하다. 암벌은 털이 복슬복슬하게 난 길쭉한 주황색 배에 검은색 줄무늬가 세로로 가로지르고 있다. 나머지 뒤영벌은 아시아 대륙 내에 기후가 서늘한 지역에서 자리를 잡고 살아간다. 중국의 칭하이 티베트 고원에는 전 세계 어느 곳보다 다양한 뒤영벌 종이 서식한다. 남아메리카에서도 10여 종 남짓한 뒤영벌을 찾아볼 수 있다.

이름에서 짐작할 수 있듯, 북극뒤영벌(봄버스 폴라리스*Bombus polaris*)은 알래스카, 캐나다, 스칸디나비아, 러시아 북쪽에 서식지를 두고 살며 추위에 강한 모습을 보여준다. 북극뒤영벌이 살을 에는 듯한 추위를 이겨낼 수 있는 데는 커다란 덩치도 한몫하지만, 유독 두꺼운 껍질 덕에 거대한 비행 근육을 움직이면서 발산되는 열을 체내에 가둬놓을 수 있기 때문이기도 하다. 맑은 날에는 여왕벌과 일벌이 북극양귀비 꽃 안에 앉아 있는 모습이 관찰된다. 꽃은 돋보기처럼 햇빛을 모아 벌이 체온을 유지하는 데 도움을 준다.

세상에서 가장 거대한 뒤영벌

세상에서 가장 거대한 뒤영벌은 거인황금뒤영벌이라는 별명으로 불리는 봄버스 다흘보미*Bombus dahlbomii*다. 남아메리카에 서식하는 몇 안 되는 뒤영벌 중 하나인 봄버스 다흘보미는 안데스산맥 높은 곳에 벌집을 짓고 살아간다. 암벌은 최대 40밀리미터까지 성장하는데, 거대한 몸집 덕분에 날아다니는 쥐라고 불리기도 한다(202페이지 참고).

봄버스 다흘보미

삶을 이어가는 꿀벌 군집

작은 군집을 이루고 사는 뒤영벌과 달리 군집 당 개체 수가 수만 마리에 이르는 꿀벌은 고도로 조직화된 사회를 유지하며 살아간다. 최대 5만 마리까지 덩치가 커지는 꿀벌 군집은 일벌, 수벌, 여왕벌 세 가지 계급으로 나뉜다. 대다수가 생식 능력이 없는 일벌이고, 수벌이 수백, 일벌과 수벌의 어미로 후세를 남길 수 있는 여왕벌은 단 한 마리뿐이다.

이런 구조는 곤충학자가 초유기체라고 부르는 조직을 구성한다. 꿀벌 군집이 작용하는 원리를 나무에 빗대어 생각하면 이해하기 쉽다. 나무는 뿌리, 몸통, 껍질, 가지, 잎, 꽃으로 이루어져 있다. 그리고 모든 구성요소가 합쳐져 나무 한 그루를 완성한다.

여름에 태어난 일벌이 채 6주를 못 채우고 죽는다는 사실을 알고 안타까움을 감추지 못하는 사람들이 있다. 하지만 일벌이 나뭇잎과 같은 존재라고 생각하면 그렇게 슬프지만은 않을 것이다. 나무에 매달린 나뭇잎은 언젠가 지고 만다. 나뭇잎은 나무의 일부로, 이는 피할 수 없는 자연의 섭리다. 꿀벌도 마찬가지다. 우리가 꽃밭에서 보는 날씬한 줄무늬 꿀벌은 하나의 생명체이기 전에 거대한 꿀벌 군집의 일부다.

나무에서 나뭇잎을 떼어 내면 나뭇잎은 죽지만 나무는 삶을 이어나간다. 꽃을 찾아 비행하는 꿀벌도 나뭇잎과 다르지 않다. 군집에서 낙오된 일벌은 죽지만 군집은 삶을 이어나간다. 나뭇잎과 일벌의 공통점은 이뿐만이 아니다. 나뭇잎이 에너지를 저장하듯 일벌은 먹이를 모은다. 나뭇잎에서 햇빛을 당으로 변환하는 광합성 과정을 통해 나무는 에너지를 얻는다. 반면 꿀벌 군집은 일벌이 부지런히 모은 꽃가루와 꿀에서 먹이와 당을 얻는다.

여름이 지나고 단풍이 물드는 가을이 되면 나무는 나뭇잎을 떨어뜨리며 겨울을 준비한다. 추운 겨울에는 나무가 거의 성장을 멈춰서 봄이나 여름처럼 에너지가 많이 필요하지 않기 때문이다. 마찬가지로 꿀벌 군집도 겨울에는 성장하지 않는다. 따라서 날씨가 추워지면 여름에 열심히 먹이를 실어 나르던 대부분의 일벌이 죽음을 맞이한다. 여왕벌은 알 낳기를 그만

두고 군집을 형성하는 꿀벌 수는 대략 만 마리 정도로 줄어든다. 겨울은 나무와 꿀벌 군집이 활동을 최소화하면서 다가올 봄을 기다리는 계절이다.

겨울이 끝나면 새로운 주기가 시작된다. 나무는 새로운 잎사귀를 틔우고, 여왕 꿀벌은 새로운 일벌을 낳으며 다시 본격적으로 에너지를 비축한다.

나무에는 수꽃과 암꽃이 함께 피는데, 수정이 이루어지면 새로운 나무로 자랄 수 있는 씨앗이 생긴다. 나무와 비슷하게 꿀벌 군집에도 암벌과 수벌이 공존한다. 수벌과 생식 능력을 지닌 여왕벌이 짝짓기를 하면서 새로운 꿀벌 군집이 탄생할 준비가 이루어진다.

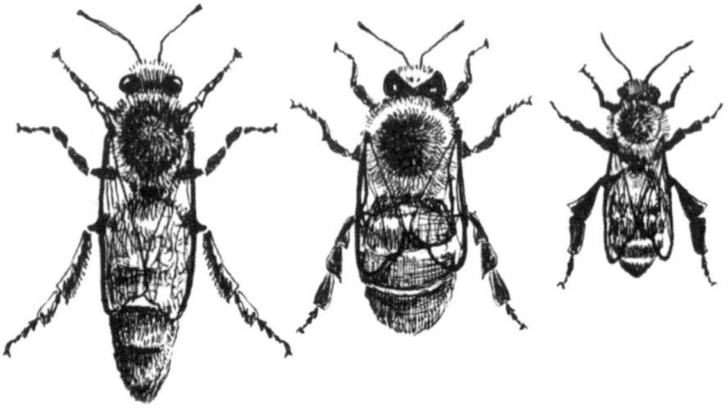

꿀벌 계급

벌과 나무는 특히 상호의존적인 관계를 맺고 있기에 둘 사이에 존재하는 공통점이 유독 두드러지게 느껴진다. 나무가 씨를 퍼뜨리기 위해서는 벌이 필요하고, 벌 군집이 수천, 수만에 달하는 개체에 먹이를 제공하기 위해서는 꽃을 피우는 나무가 필요하다. 사실 정원에 핀 꽃들 사이에서 꿀벌을 찾기는 쉽지 않다. 단생벌이나 뒤영벌이 야트막이 핀 꽃밭을 날아다니며 꿀을 딸 때, 꿀벌은 우리 머리를 훌쩍 뛰어넘는 높은 나무에서 먹이를 찾기 때문이다.

야생 꿀벌은 대개 빈 나무 둥지에 집을 짓고 살아간다. 어두컴컴한 나무 둥지를 찾은 일벌은 복부 아래쪽 8개 분비샘에서 밀랍을 분비해 주둥이와 다리로 모양을 잡아 가며 판판한 벌집을 만들기 시작한다. 꿀벌 벌집은 놀라우리만치 복잡한 동시에 매혹적이다. 벌집의 양면은 육각형 벌방으로 이루어져 있으며, 벌방의 숫자는 한 판에 대략 5천 개에서 8천 개에 달한다. 꿀벌은 위에서부터 아래로 한 판씩 벌집을 지어 나가는데, 각 판은 부드러운 곡선을 이루며 서로를 감싸고 있다. 감탄이 나올 만큼 유기적인 형태와 효율적인 공간 설계 덕분에 꿀벌은 서로 부딪힐 걱정 없이 편하게 벌집을 드나들 수 있다. 정육각형 벌집 구조는 자연에서 찾아볼 수 있는 공학의 정점으로 간주된다. 찰스 다윈은 꿀벌의 작품을 두고 이렇게 이야기했다. "완벽의 단계를 넘어선 건축물로, 자연 선택으로 설명

꽃이 핀 마로니에 나무

할 수 없는 수준에 이르렀다."

벌집은 꿀벌 군집을 지탱하는 척추와 같다. 여왕벌이 낳은 알이 유충을 거쳐 어엿한 성충으로 성장할 수 있도록 돌보는 보육원 역할을 수행하는가 하면, 일벌이 겨우내 먹을 꽃가루와 꿀을 저장하는 창고가 되기도 하며, 중요한 발표가 이루어지는 무대로 사용될 때도 있다. 꿀벌은 벌집을 붙잡고 몸을 흔들어 벌집을 타고 전해지는 진동을 통해 서로에게 메시지를 전달한다.

봄에서 여름까지 여왕 꿀벌은 매일 2천 개에 달하는 알을 낳는다. 알이 일벌로 성장하기까지는 총 21일이, 수벌로 성장하기까지는 24일이 걸린다. 일벌은 털이 보송보송하게 나 다소 유약해 보인다. 성충이 된 일벌은 첫 3주를 어두운 벌집에 머물면서 성숙하길 기다린다. 이 기간에 일벌은 애벌레와 달리 다리가 없어 스스로 먹이를 섭취하지 못하는 유충을 돌본다. 또, 다음에 태어날 일벌을 위해 자신이 지내던 방을 깨끗하게 치운다. 일벌은 자라면서 침과 독샘이 발달하며 벌집을 지킬 수 있는 능력을 갖춘다.

충분히 성숙한 일벌은 집 밖으로 나가 꽃을 돌아다니며 꿀을 딴다. 이뿐 아니라 유충에게 먹일 꽃가루를 모으고, 벌집의 온도를 낮추는 데 사용되는 물을 실어 나르고, 벌집에 생긴 구멍을 메울 프로폴리스(일부 나무에서 생성되는 끈적끈적한 액체)를 운반한다. 집으로 돌아갈 때는 길을 잃지 않도록 눈에 띄는 풍경을 기억하며 머릿속에 지도를 그린다.

일벌의 출퇴근길

여러분이 매일 몸무게의 절반이 훌쩍 넘는 꿀과 꽃가루를 운반한다고 생각해 보자. 실제로 일벌 꿀벌은 매일 이렇게 고된 노동을 하고 있다. 일벌은 약 800킬로미터를 비행하면 근육에 피로가 쌓여 더 이상 움직일 수 없다고 추측된다. 실제로 비행 중 죽음을 맞이하는 일벌이 상당히 많다. 여름을 기준으로 일벌이 800킬로미터를 비행하는 데 걸리는 기간은 평균 20일 정도로, 매일 40킬로미터를 비행해야 한다는 계산이 나온다. 일벌 꿀벌의 비행 속도가 대략 20킬로미터쯤 되니 매일 2시간을 출퇴근에 할애하는 셈이다. 효율적인 노동을 위해 벌집 가까이에서 꿀과 꽃가루를 채집한다고 해도 여전히 하루 총 2시간씩 날아다녀야 한다는 사실은 변하지 않는다. 단지 한 번에 이동하는 시간이 26분 정도로 줄어들 뿐이다.

신선한 꿀 만들기

벌이 꽃에서 딴 화밀을 꿀로 바꾸려면 먼저 화밀의 당질 복합체를 단당으로 변환한 후 수분 함유량을 20퍼센트 이하로 떨어뜨리는 두 가지 화학적 과정을 거쳐야 한다. 벌이 마신 화밀은 자당을 과당과 포도당으로 분해하는 효소가 있는 꿀주머니로 흘러 들어간다. 벌집에 돌아온 먹이 채취 담당 일벌은 이렇게 분해된 화밀을 집안일을 책임지는 일벌에게 건네준다. 집안일 담당 일벌은 전달받은 화밀을 벌집에 떨어뜨린 다음 수분이 증발하도록 날갯짓으로 따뜻한 바람을 일으킨다. 그리고 당의 변환과 수분 증발을 활성화하기 위해 주둥이로 화밀을 휘젓는다. 모든 과정이 끝나면 꿀이 저장된 벌집을 하얀 밀랍으로 밀봉한다. 산소를 차단한 꿀은 겨울까지 신선하게 보

정신없이 바쁜 꿀벌의 일과

· 먹이 채취를 담당하는 일벌 꿀벌은 한 번 비행을 나설 때마다 적게는 200송이에서 많게는 300송이까지 꽃을 찾아 날아다니며 약 0.05그램의 화밀을 장만한다.
· 일벌은 하루에 최대 2천 송이의 꽃을 방문해 0.5그램의 화밀을 채취할 수 있다.
· 5일 동안 1만 마리에서 2만 마리에 이르는 일벌 꿀벌이 모으는 화밀은 무려 5킬로그램으로, 이는 꿀 1.5킬로그램이 된다.
· 꿀벌이 1.5킬로그램의 꿀을 생산하는 데 소비하는 시간을 모두 합치면 1만 2천 시간이 걸린다.

관된다. 꿀벌 군집은 날씨가 추워 먹잇감을 구하기 힘든 겨울에도 생존하도록 진화했다. 기온이 13도 이하로 떨어지거나 비가 오거나 거센 바람이 부는 날이면 꿀벌은 집 안에 머문다. 일벌 숫자는 대략 1만 마리로 감소한다. 여왕벌과 남은 일벌은 만년설 위의 펭귄처럼 옹기종기 모여 비행 근육을 움직이고 열을 발산하며 체온을 유지한다. 여름내 저장해 둔 꿀이 없었다면 추위를 견디지 못하고 모두 얼어 죽었을 것이다. 겨울을 나려면 꿀을 생산해야만 한다.

쥐손이풀과 꿀벌

꿀벌의 세대교체

꿀벌 군집은 매우 놀라운 방식으로 번식한다. 군집은 일단 반으로 나뉘는데, 여왕벌이 속한 집단은 기존에 살던 벌집을 버리고 새로운 집을 찾아 떠난다. 이 과정을 '분봉分蜂'이라 부른다. 새로운 여왕벌은 기존의 벌집에 남아 수벌과 교미를 통해 군집을 키운다.

일벌이 벌집에 수직으로 매달린 도토리 모양 방을 20개쯤 건설하면 여왕벌은 알을 낳을 준비를 한다. 여왕벌은 한 방에 하나씩 알을 낳는다. 미래의 여왕벌을 위해 특별히 준비된 방에서 알을 깨고 나온 유충은 로열젤리를 먹고 자란다. 로열젤리는 단백질을 비롯한 영양소가 풍부한 물질로 일벌의 머릿속에 위치한 분비선에서 생성된다. 로열젤리는 유충을 여왕벌로 성장시키는 기적을 일으킨다.

여왕벌 유충이 자라는 동안 꿀벌 군집은 머지않아 벌집을 떠날 여왕벌이 안전하게 비행할 수 있도록 엄격한 식단을 준비한다. 군집의 절반에 해당하는 일벌은 여왕벌을 보필하며 새로운 보금자리를 찾는 데 충분한 에너지를 비축하기 위해 3일치 꿀을 섭취한다. 또, 벌집을 건설하는 데 필요한 당을 저장한다.

여왕벌 유충이 번데기 단계에 접어들어 고치를 만들기 시작하면 본격적인 분봉이 이루어진다. 2만 마리에 달하는 일벌이 여왕벌을 보호하면서 벌집을 떠나는 광경은 다소 위협적으로 보일 수 있지만 그만큼 장관을 이룬다. 벌집에서 쏟아져 나온 일벌은 여왕벌 행차를 기다리며 벌집 주변을 둘러싼다. 마침내 여왕벌이 등장하면 일벌 몇 마리가 여왕벌을 경호하듯 근처에 자리를 잡고 배 끝에 있는 나소노프샘에서 강력한 페로몬을 뿜어내며 메시지를 전달한다. "여기에 우리의 여왕벌이 있다. 여왕벌을 보호하라." 페로몬을 감지한 일벌 2만 마리는 채 1분도 안 되는 짧은 시간 안에 여왕벌을 중심으로 타원을 형성한다. 둥글게 모인 꿀벌 무리는 주로 나뭇가지 근처에 머무른다. 적당한 나뭇가지를 찾기 힘든 도시에서는 신호등이나 사람의 발길이 끊이지 않는 대로변 한구석에 자리를 잡는다. 그리고 새로운 보금자리를 찾아 나선 정찰 일벌이 신호를 보내길 기다린다. 정찰 일벌은 각자 흩어져서 장소를 물색한

다음 여러 가지 선택지를 모두 살펴보고 의논을 통해 어떤 후보가 터를 잡기에 가장 적합한지 결정한다. 선택이 끝나면 여왕벌 무리로 돌아와 신나게 춤을 추며 새로운 벌집으로 안내한다. 미리 봐둔 장소에 도착한 꿀벌은 여왕벌이 한시라도 빨리 알을 낳아 군집을 키울 수 있도록 즉시 밀랍으로 집을 짓기 시작한다.

기존 벌집에서는 아직 여왕벌 후보가 자라고 있다. 8일만 더 기다리면 마침내 성장이 끝날 것이다. 하지만 왕관을 쓸 수 있는 여왕벌은 단 한 마리뿐이다. 고귀한 혈통을 이어받은 여왕벌 후보는 전투를 치르고, 생사가 달린 전투에서 살아남은 마지막 한 마리가 새로운 여왕벌의 자리에 오른다. 이는 가장 강한 여왕벌이 군집을 이어가도록 꿀벌이 선택한 방식이다.

전투가 끝나고 며칠 뒤, 화창한 날에 쟁쟁한 경쟁자를 물리치고 왕좌에 오른 처녀 여왕벌은 짝짓기 비행에 나선다. 이미 수많은 수벌은 벌집 주변을 날아다니면서 여왕벌이 찾아오기만을 기다리고 있다. 여왕 뒤영벌과 단생 암벌은 단 한 마리의 수벌과 교미를 하지만 여왕 꿀벌은 짝짓기 비행에 나서 벌집으로 돌아올 때까지 10마리가 넘는 수컷과 교미를 한다. 집으로 돌아온 여왕 꿀벌의 정자낭에는 4년에서 5년 동안 알을 낳는 데 필요한 정자가 저장돼 있다. 여왕벌은 바로 수정란을 낳기 시작하고, 21일이 지나면 성체로 자란 일벌이 부지런히 군집을 돌본다. 일벌은 모두 같은 어머니를 공유하지만 아버지는 같지 않다. 즉, 꿀벌 군집에는 수많은 자매와 이부 자매가 함께 살아간다. 이렇듯 유전자가 다양한 덕분에 일벌 꿀벌은 조금씩 다른 성향을 지닌다. 그리고 다양성은 군집이 환경 변화로 인해 닥치는 위기에 적응하거나 전염병을 이겨내는 데 큰 도움이 된다.

여왕 꿀벌은 짝짓기를 할 때와 집을 옮길 때, 평생에 딱 두 번 벌집 밖으로 나온다. 여왕 꿀벌은 무슨 일을 하든지 주변을 경호하는 일벌에 둘러싸여 있어 일반인이 우연히 여왕 꿀벌을 목격하기는 거의 불가능하다. 스스로 벌집을 찾고 유충에게 먹일 꿀과 꽃가루를 채취하는 여왕 뒤영벌과 달리 여왕 꿀벌은 혼자 다니는 법이 없다. 꿀벌 군집에서는 일벌이 여왕벌을 위해 모든 일을 다 한다. 사실 여왕 꿀벌은 강력한 통치자보다는 벌집에 갇혀 군집의 존속을 위해 알을 낳는 노예에 가깝다. 알을 많이 낳아야 할 때는 일벌이 주는 먹이를 받아먹으면서 알을 낳고, 알을 적게 낳아야 할 때는 생명을 유지하는 데 필요한 양만을 먹으면서 배를 곯는다.

수컷 꿀벌의 존재 이유

수컷 꿀벌은 오로지 군집의 유전자를 퍼뜨리기 위해서만 존재한다. 날아다니는 정자 주머니 그 이상, 그 이하도 아니다. 수컷 꿀벌은 벌집을 돌보지도 않고, 어머니나 자매를 위해 먹이를 찾지도 않는다. 늦봄이 되면 처녀 여왕벌과 짝짓기를 위한 수컷 꿀벌 수천 마리가 태어난다. 그중 강하고 생식 능력이 뛰어난 수벌만이 짝짓기에 성공한다. 교미가 끝난 수벌은 죽는다. 침을 쏜 일벌 꿀벌과 비슷하게 생식기가 여왕벌의 몸에 박혀 떨어져 나가면서 몸이 찢어지기 때문이다. 꿀벌의 짝짓기를 보면 마치 자연이 이런 메시지를 전하는 듯하다. "이제 너에게 주어진 역할을 끝냈으니 더 이상 존재할 필요가 없다." 짝짓기에 실패한 수벌은 늦여름에 벌집에서 쫓겨나 죽고 만다.

경고 신호

여왕 꿀벌이 침을 쏴야 할 때는 성체가 된 직후, 경쟁자를 제거할 때뿐이다. 여왕벌의 침은 바늘 모양으로, 끝이 갈고리 모양으로 생겨 한 번 사용하면 목숨을 잃는 일벌과 달리 여왕벌은 여러 번 상대를 공격해도 아무런 해를 입지 않는다.

찰스 다윈은 암컷 일벌이 유전자를 퍼뜨리지 않고 죽는다는 사실에 큰 관심을 보였다. 자신이 수립한 자연 선택 이론에 어긋나는 현상처럼 보였기 때문이다. 군집을 위해 헌신한 일벌이 생식 활동의 기회조차 얻지 못하고 죽는다니, 유전자는 어떻게 남긴단 말인가? 고민을 거듭한 다윈은 일벌 꿀벌이 거대한 유기체의 일부이며, 침을 쏜 일벌은 죽지만 목숨을 희생한 일벌 덕분에 군집이 유지될 수 있음을 깨달았다. 그렇게 다

윈은 일벌이 왜 생식 활동을 포기했는지 이해할 수 있었다.

일벌 꿀벌의 침은 기발한 방식으로 군집을 보호한다. 침과 연결된 독샘은 경고 페로몬이라 불리는 화학 물질을 분비하고, 이 냄새를 맡은 일벌은 경고 신호를 감지한 후 바로 침입자 공격에 나선다. 거대한 곰이 벌집에서 꿀을 훔쳐 가는 상황을 상상해 보라. 꿀벌 한 마리가 곰의 콧잔등에 침을 쏴 봤자 곰은 끄떡도 않을 것이다. 하지만 경고 신호를 받은 일벌이 떼로 덤벼들어 침을 쏴 대면 제아무리 덩치가 산만 한 곰이라고 해도 감당하기가 쉽지 않다. 특히 꿀벌 침 끝에 있는 독주머니는 벌의 몸에서 뽑혀 나간 후에도 계속 독을 뿜어내기 때문에 상대하기 더욱 까다롭다.

화학 페로몬은 군집이 의사소통을 하는 방법의 하나다. 예를 들어 여왕벌은 독특한 페로몬을 뿜어 다른 벌들에게 자신의 생식 능력이 왕성하다는 사실을 알린다. 여왕벌의 생식 능력이 떨어지고 죽을 때가 가까워지면 여왕벌이 분비하는 페로몬의 농도가 옅어진다. 이 사실을 감지한 다른 꿀벌은 새로운 여왕벌을 맞이할 준비를 시작한다. 앞에서 이미 이야기했듯, 벌은 밀랍으로 만든 벌집에 매달려 몸을 흔들어서 진동을 전달하는 방식으로 서로 이야기를 주고받기도 한다. 페로몬과 진동 두 가지 방법 외에도 아주 섬세한 의사소통 수단이 한 가지 더 남아 있다.

꿀벌의 의사소통

꿀벌은 매우 특이한 방식으로 방향을 알린다. 꿀벌은 동료 일벌에게 먹이가 있는 장소를 알려주기 위해 공연을 펼친다. 우리는 이 춤을 '꿀벌춤'이라 부른다. 어두운 벌집 안에서 꿀벌은 몸을 흔들어 진동을 만드는 방법으로 새로운 소식을 알린다. 공연장에 매달려 춤을 추는 일벌의 움직임은 벌집을 타고 먹이 수집을 담당하는 다른 일벌에게 전해진다. 소식을 가지고 벌집으로 돌아온 일벌은 반복해서 8자를 그린다. 먼저 오른쪽으로 회전해 동그라미를 그린 다음 왼쪽으로 회전해 동그라미를 하나 더 그려 8자를 완성한다. 춤을 추다가 직선을 그릴 때는 배를 양옆으로 흔든다.

꿀벌춤은 먹이를 발견한 방향과 위치를 가리킨다. 이 작은 생물체가 5킬로미터가 넘는 장소에서 발견한 먹이와 관련된 복잡한 정보를 정확하게 전달할 수 있다니, 그야말로 놀라울 따름이다. 머리가 벌집 위로 향하게 두고 춤을 추면 이는 '벌집 밖으로 나가서 태양을 향해 날아가라'는 뜻이다. 반면 머리가 벌집 아래로 향하게 두고 춤을 추면 '벌집에서 나가 태양 반대 방향으로 날아가라'는 의미다. 일벌 꿀벌이 머리를 오른쪽으로 두고 춤을 추면 먹이가 태양을 기준으로 오른쪽에 있다는 정보가 된다. 먹이까지 거리는 몸을 흔드는 시간으로 알릴 수 있다. 먹이가 벌집으로부터 500미터 떨어져 있다면 0.5초 동안 몸을 흔든다. 같은 원리로, 먹이가 1킬로미터 떨어져 있다면 1초 동안 몸을 흔든다. 이제 동료 일벌은 어느 방향으로 얼마나 비행해야 먹이가 있는지 파악했다. 마지막으로 먹이를 찾아 벌집을 떠나기 전 춤을 춘 일벌이 풍기는 꽃향기를 기억한다. 목적지 근처에 다다르면 향기를 따라 정확한 꽃을 찾아갈 것이다.

꿀을 잔뜩 먹고 나서 묵직한 엉덩이를 이끌고 벌집으로 돌아온 일벌은 더 많은 일벌을 모으기 위해 춤을 춘다. 가끔은 관심을 끌려는 목적으로 벌집을 가로지르며 전혀 다른 방향으로 춤을 추는 일벌도 있다. 하지만 같은 꽃향기를 풍기면서 같은 방향으로 춤을 추는 벌이 많을수록 그 꽃으로 향하는 일벌도 많아질 수밖에 없다.

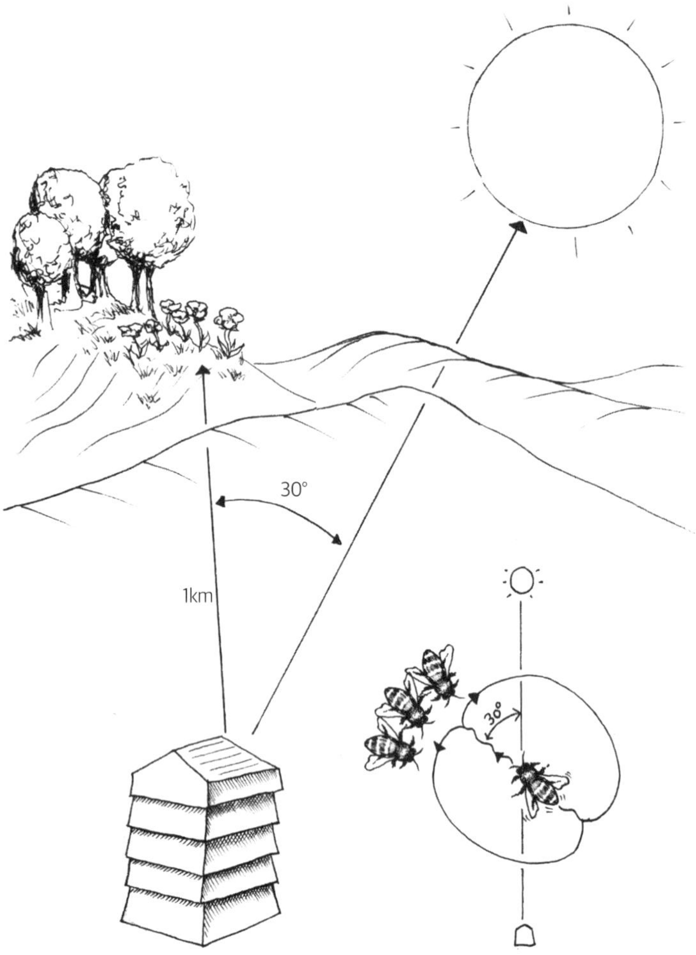

꿀벌춤

카를 폰 프리슈

오스트리아의 동물학자(동물의 행동을 과학적으로 연구하는 사람) 카를 폰 프리슈Karl von Frisch 박사는 1950년대에 꿀벌의 삶과 감각을 다룬 책, 『춤추는 벌The Dancing Bees』을 출간했다. 폰 프리슈 박사는 자신이 발견한 꿀벌의 언어에 대해 설명했다. 이 책에서 박사는 꿀벌이 벌집 안에서 어떤 움직임을 통해 먹이가 있는 장소를 공유하는지 이야기한다. 폰 프리슈 박사는 이 움직임을 두고 '꿀벌춤'이라는 명칭을 처음 붙인 사람이기도 하다.

꿀벌의 '춤'을 처음으로 관찰한 사람은 양봉가였지만, 폰 프리슈 박사의 연구가 아니었다면 꿀벌의 움직임이 얼마나 중요한 정보를 담고 있는지 알 수 없었을 것이다.

폰 프리슈 박사는 먹이를 놔둔 장소를 방문한 꿀벌에 표식을 부착한 후 벌집으로 돌아간 꿀벌의 움직임을 유심히 살폈다. 그리고 먹이를 놔둔 장소가 변하자 꿀벌의 춤이 변한다는 사실을 알아챘다.

카를 폰 프리슈 박사는 꿀벌의 춤을 발견한 공로를 인정받아서 1973년 노벨 생리 의학상을 수상했다.

분봉에 나선 정찰 일벌이 꿀벌춤을 출 때도 있다. 새롭게 발견한 보금자리의 위치를 동료에게 알리기 위함이다.

주로 후각이나 시각에 의존하는 동물이 멀리 떨어진 장소에 있는 먹이를 놓고 추상적인 정보를 교환하는 경우는 드물다. 개를 예시로 생각해 보자. 개가 '저 나무를 향해서 20분 정도 똑바로 걸어가면 뼈다귀를 찾을 수 있을 거야'라는 의미를 담아 짖을 수는 없다.

전 세계로 퍼져 나간 꿀벌

세상에는 약 10여 종의 꿀벌이 존재한다. 가장 흔한 종은 몸길이가 약 14밀리미터 정도 되는 서양양봉꿀벌(아피스 멜리페라*Apis mellifera*)이다. 서양양봉꿀벌은 3천500만 년 전 아프리카와 유럽에서 나타났지만 꽃가루를 퍼뜨리고 꿀을 생산하려는 인간에 의해 수백, 수천 년에 걸쳐 전 세계로 퍼져 나갔다. 서양양봉꿀벌은 다양한 아종을 가지는데 각 종은 조금씩 다른 특징을 보여준다. 몸통 색깔이 밝은 이탈리아양봉꿀벌(아피스 멜리페라 링귀스티카*Apis mellifera linguistica*)은 생산성이 매우 높고 온순하다. 반면 북유럽에서 발생한 검은서양양봉꿀벌(아피스 멜리페라 멜리페라*Apis mellifera mellifera*)은 이름에서 짐작할 수 있듯 몸통 색깔이 어둡고 생산성이 떨어지며 방어적이다.

'살인벌'이라는 별명으로 잘 알려진 아프리카화꿀벌은 아프리카 서양양봉꿀벌 아종(아피스 멜리페라 스쿠텔라타*Apis mellifera scutellata*)과 유럽 서양양봉꿀벌 아종을 인위적으로 교배해서 만든 잡종으로, 굉장히 공격적인 성향을 보인다. 1950년대 브라질의 연구실에서 탄생한 아프리카화꿀벌은 연구실을 탈출해 북쪽으로 향했고, 결국 중앙아메리카와 미국 남부까지 진출했다. 아프리카화꿀벌은 새로운 서식지에서 무리 지어 다니며 경고 신호도 없이 갑자기 침을 쏴 댔다. 사람들이 얼마나 놀랐는지는 굳이 설명하지 않아도 될 것 같다.

재래꿀벌(아피스 체라나*Apis cerana*)은 한국, 중국, 일본, 동남아시아에 서식한다. 크기는 서양양봉꿀벌보다 살짝 작지만 나머지 특징은 거의 흡사하다. 서양양봉꿀벌과 같이 재래꿀벌 또한 인간이 제작한 벌통에서 살아가며 수분 작용과 꿀 생산을 돕는다. 난쟁이꿀벌(아피스 플로레아*Apis florea*)과 검정난쟁이꿀벌(아피스 안드레니포르미스*Apis andreniformis*)은 아시아 열대지방에서 야외 생활을 하면서 살아간다. 난쟁이꿀벌과 검정난쟁이꿀벌의 몸통 길이는 약 7밀리미터로, 서양양봉꿀벌의 절반밖에 안 된다. 이 자그마한 꿀벌은 거미나 개미 같은 천적으로부터 스스로를 보호하기 위해 주로 나뭇잎이 울창한 장소를 선택해 나뭇가지 주변에 한 장짜리 판판한 벌집을 만든다. 벌집에 저장해 두는 꿀은 얼마 안 된다. 군집 자체가 작아 개체 수가 얼

히말라야거인꿀벌

큰숲꿀벌은 길이가 20밀리미터로 덩치가 큰 편이다. 하지만 히말라야산맥 절벽 가장자리에 커다란 집을 짓고 사는 히말라야거인꿀벌은 큰숲꿀벌보다 몸집이 더 크다. 일벌 히말라야거인꿀벌은 길이가 30밀리미터로 꿀벌 중에서는 그야말로 거인이라고 할 수 있다.

마 안 되는데다가 먹이를 찾으러 나서기 힘들 정도로 날씨가 나쁜 날이 길게 이어지지 않기 때문이다.

큰숲꿀벌(아피스 도르사타*Apis dorsata*) 군집 또한 높이가 1미터에 넓이가 그보다 더 되는 커다란 벌집을 한 장 만들어 놓고 야외 생활을 한다. 이 거대한 벌집은 계절이 건기와 우기로 나뉘는 태국, 필리핀, 인도네시아 등 동남아시아와 중국 일부 열대지방 숲속 늘어진 나뭇가지 아래에서 발견된다. 큰숲꿀벌은 건기가 되면 고도가 높은 곳에 집을 짓고 살다가 꿀을 딸 꽃이 부족해지면 고도가 낮은 곳으로 보금자리를 옮긴다. 곧 우기가 다가오면 새로 장만한 벌집 주변에 꽃이 만개할 것이다. 새로운 집을 찾는 여정이 길어지면 중간에 적당한 나무에서 휴식을 취하거나 야영을 하면서 무려 한 달에 걸쳐 200킬로미터를 이동해야 할 때도 있다.

큰숲꿀벌은 '쉬머링'이라 불리는 특이한 방법으로 천적이나 마찬가지인 말벌이나 새, 포유류를 위협한다. 적이 다가오면 큰숲꿀벌은 벌집 앞에 길게 늘어서 파도타기를 하듯 차례대로 배를 들어 올린다.

벌침 없는 벌

다른 모든 벌과 마찬가지로 벌침이 없는 무침벌 역시 꽃이 번식하는 데 큰 도움을 준다. 또, 무침벌은 꿀벌처럼 꿀이 부족하거나 먹이를 구하러 나가기 어려운 날씨에 대비해 미리 꿀을 저장해 두는 습성이 있다. 사회 계층 또한 꿀벌과 흡사해 여왕벌, 생식 능력이 없는 암컷 일벌, 수벌이 고도로 구조화된 군집을 이루며 살아간다. 무침벌 군집은 여러 해 동안 유지되며 하나의 유기체와 같이 기능한다.

현재 기록된 무침벌은 500여 종에 달하는데, 대부분이 검고 작으며 중남미 열대지방에 서식하고 있다. 아시아, 아프리카, 호주에서도 일부 포착되지만 아직까지 발견되지 않은 종도 많을 것이라 짐작한다. 현지에서 '아베하 크리오야'라는 별명으로 불리는 남아메리카의 멜리포나속*Melipona*은 수천 년 전 고대 마야 문명에서 꿀을 수확하는 데 사용된 것으로 유명하다. 보통은 꿀벌만큼 생산성이 높지 않지만 호주에서 발견된 무침벌 테트라고눌라속*Tetragonula*에 속한 종 중에는 꿀주머니벌(테트라고눌라 카르보나리아*Tetragonula carbonaria*)이라 불릴 만큼 꿀을 따는 데 능숙한 벌도 있다.

사실 무침벌에게는 침이 있다. 단지 있으나 마나 할 정도로 쓸모가 없을 뿐이다. 대신, 무침벌은 스스로를 보호하는 다른 방법을 찾아냈다. 무침벌의 턱은 상당히 강력해 침입자에게 꽤 심한 고통을 줄 수 있다. 옥시트리고나속*Oxytrigona*을 비롯한 몇몇 종은 포름산을 분비해 공격을 가한다. 이들은 무리 지어 적의 귀, 코, 눈 등 예민한 부위를 집중 공략한다.

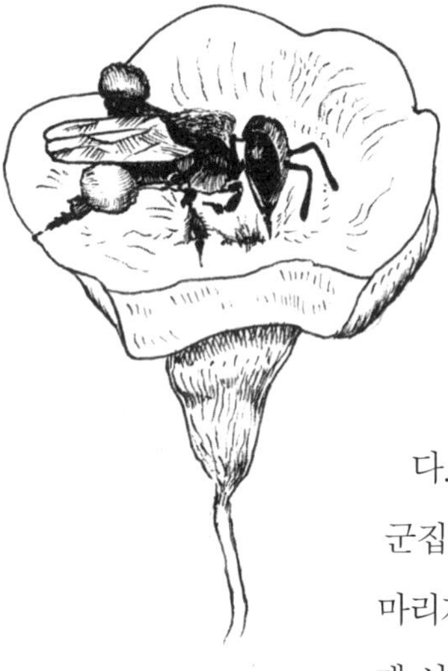
꿀주머니벌

무침벌 군집은 크기가 다양하다. 몇십 마리가 옹기종기 모여 사는 군집이 있는가 하면, 일벌 수만 10만 마리가 넘는 군집도 있다. 무침벌은 대개 서양양봉꿀벌보다 작고 색깔이 어둡다. 대부분이 빈 나무 둥지나 주인이

독수리벌

무침벌과 가까운 친척 관계인 벌 3종은 꽃에 그다지 관심을 보이지 않는다. 중앙아메리카에 서식하는 트리고나속*Trigona*은 흔히 독수리벌이라 불리는데, 평범한 벌이 그러하듯 꽃에서 꿀을 따는 대신 죽어서 썩어가는 동물 사체에서 양분을 얻기 때문이다. 독수리벌의 사례는 모든 자연법칙에는 예외가 있음을 보여준다.

없는 딱정벌레 굴에 집을 짓고 살지만 나뭇가지나 절벽에 벌집을 한 판만 만들어 놓고 사는 종도 있다. 벌집 재료로는 밀랍, 송진, 진흙이 주로 사용된다. 찻주전자 주둥이처럼 튀어나온 관 모양 입구 덕분에 벌집은 비교적 쉽게 눈에 띄는 편이다. 또한 무침벌은 밀랍을 분비해 뒤영벌 벌집과 비슷한 모양의 육아방과 먹이저장고를 건설하는데, 일부 종은 밀랍을 포개어 나선형 구조를 만들어서 보는 이의 감탄을 자아내기도 한다.

무침벌은 꿀벌과 다른 방식으로 분봉한다. 군집의 절반이 따로 떨어져 나와 새 보금자리를 찾는 꿀벌과 달리, 무침벌은 가까운 곳에 터를 잡고 기존 벌집을 왔다 갔다 하며 집을 짓는 데 필요한 재료와 먹이를 실어 나른다. 이들은 이삿짐 트럭처럼 새집과 헌집을 오가며 짐을 옮기지만 새로 태어난 여왕벌이 짝짓기를 하고 군집을 키우기에 부족하지 않을 만큼의 자원을 남겨두고 떠난다.

혼자 사는 벌

우리가 도시 한복판에 꾸며 놓은 뒷마당에는 다양한 벌이 찾아온다. 다양한 종류의 뒤영벌이 가장 자주 발견되고 몇 블록 떨어진 곳에 벌집을 짓고 사는 꿀벌도 가끔 보인다. 낯선 벌도 종종 눈에 띈다. 혼자 집을 짓고 사는 암컷인 단생벌이 그 주인공이다. 사실 군집을 이루고 사는 벌보다 혼자 사는 벌이 훨씬 많다. 실제로 영국에만 250여 종이 넘는 단생벌이 서식하고 있음에도 불구하고 단생벌을 향한 관심은 안쓰러울 정도로 미미했다. 그중에는 크기가 워낙 작아서 관찰이 힘든 종도 있고, 파리와 비슷한 생김새 탓에 아예 관찰 대상에서 벗어난 종도 있고, 뒤영벌이나 꿀벌과 굉장히 흡사한 외양 때문에 벌 도감을 뒤져 가면서 가까이 들여다보지 않으면 구별이 어려운 종도 있다. 단생벌은 군집을 이루고 살지도, 꿀을 생산하지도 않지만 생태계에 무척 중요한 영향을 미친다.

우연히 낯선 단생벌을 발견하면 흥분에 솜털이 바짝 선다. 단생벌은 성미가 유순해 바쁘게 먹이를 찾는 와중에 거대한 인간이 가까이 다가와 특징과 행동을 관찰해도 별다른 반응을 보이지 않는다. 우리는 단생벌을 보면 미리 찍어 둔 사진과 비교하거나 2015년 출간된 스티븐 포크Steven Falk의 『영국과 아일랜드에 서식하는 벌 도감Field Guide to the Bees of Great Britain and Ireland』을 참고한다. 이름을 알고 나면 정원을 방문하는 벌에 더 큰 애착을 느낀다. 게다가 단생벌 중에는 털보줄벌(앤소포라 플루미페스*Anthophora plumipes*), 붉은석공벌(오스미아 비코르니스*Osmia bicornis*), 가위벌(메가칠레 센턴큘라리스*Megachile centuncularis*), 방직벌(앤시디움 마니카텀*Anthidium manicatum*), 큰머리가위벌(헤리아데스 트룬코럼*Heriades truncorum*), 담쟁이애꽃벌(콜레테스 헤데래*Colletes hederae*) 등 근사한 이름을 가진 벌이 굉장히 많다.

우리 정원에 집을 짓고 먹이를 찾는 대부분의 단생벌이 북반구 전역에서 흔히 발견된다. 단생벌의 존재를 인식하고 나면 완전히 새로운 세계가 눈에 들어올 것이다.

렁워트를 찾은 벌

털보줄벌

다양한 단생벌 중 털보줄벌이 올해 들어서 가장 일찍 우리 정원을 방문했다. 이름에서 짐작할 수 있듯, 털보줄벌의 뒷다리는 깃털같이 부드러운 주황색 털로 뒤덮여 있다. 4천여 종에 달하는 벌이 터를 잡고 살아가는 북아메리카에서도 비슷한 벌이 발견된다.

털보줄벌은 섬세한 푸른색과 흰색을 띠는 관 모양 꽃 사이를 가볍게 날아다니며 몸통 길이의 두 배는 될 법한 기다란 혀로 꿀을 빨아 먹는다. 다리를 몸 아래에 구겨 넣고 날개를 파닥이며 비행하는 모습은 무척 특이하다. 털보줄벌은 굉장히 이른 아침에 렁워트나 시든 쐐기풀, 컴프리 주변을 서성이며 먹이를 구한다. 서늘한 날씨에 대비해 두꺼운 검은색 털옷을

털보줄벌

혀를 길게 늘어뜨리고 꽃으로 다가가는 털보줄벌

입고 있기 때문이다. 가만히 앉아 있는 털보줄벌을 보고 휴식을 취하는 중이라 오해하기 쉬운데, 사실은 열심히 몸을 떨며 체온을 유지하고 있을 확률이 높다.

털보줄벌의 수명은 평균 3개월로, 벽에 난 작은 구멍이나 부드러운 회반죽이나 높다란 굴뚝 주변이나 진흙더미 안에 거처를 구해 평생을 홀로 살아간다. 많은 단생벌이 그러하듯 털보줄벌 또한 하우스메이트는 없지만 다른 털보줄벌과 이웃을 이루고 생활한다. 하지만 이웃은 이웃일 뿐, 가족과는 다르다. 심지어 오크애꽃벌(안드레나 페록스*Andrena ferox*), 큰머리애꽃벌(안드레나 부체팔라*Andrena bucephala*)을 포함한 몇몇 단생벌은 지하에 복잡한 터널을 파 놓고 출입구를 공유하면서 살지만 각자의 공간을 침범하지는 않는다. 알도 한 방에 하나씩만 낳는다. 단생벌 수백 마리가 근처에 이웃해서 사는 이유가 안전 때문이라는 연구 결과가 있다. 이렇게 단생벌이 모여 사는 장소를 흔히 마을이라고 부르지만 도시에 살아가는 단생벌에게는 다가구주택이라는 표현이 더욱 적합해 보인다.

털보줄벌은 에너지를 아끼기 위해 집 근처에서 먹이를 찾는다. 아무리 가까운 거리라도 먹이가 있는 장소까지 왔다 갔다 날아다니기 쉽지는 않다. 특히 몸보다 무거운 먹이를 옮겨야 하거나 날씨가 추우면 더욱 고되다. 더군다나 바람이 거세게 불거나 비가 오는 날에는 먹이를 구하기 쉽지 않으니 날씨가 좋을 때 미리 일을 해 둬야 한다.

벌집에 돌아온 털보줄벌은 각자 방으로 돌아가 분비선에서 방수물질을 생성해 선을 긋는다. 각 방에는 꽃가루와 꿀을 섞어 만든 거대한 덩어리가 놓여 있다. '벌떡蜂糧'이라 불리는 이 덩어리로 방을 가득 채우려면 벌은 수백 송이가 넘는 꽃을 오가며 부지런히 재료를 모아야 한다. 벌은 커다란 덩어리 위에 알을 낳는다. 털보줄벌 유충은 먹이로 만든 침대에서 생을 맞이하는 셈이다.

털보줄벌은 벌집 뒤쪽에는 암컷 알을 낳고, 앞쪽에는 수컷 알을 낳는다. 수컷이 암컷보다 1주일에서 2주일가량 일찍 성장을 마치기 때문이다. 수벌 성체는 짝짓기에 필요한 힘을 기르며 암벌이 성장을 마치길 기다린다.

암컷 털보줄벌이 마지막 알을 낳고 벌집의 문을 닫으면 육아는 끝이 난다. 알을 낳는 데 에너지를 모두 소비한 어미 벌은 유충이 알을 깨고 나오기 전에 죽음을 맞이한다. 벌떡 위에서 태어난 털보줄벌 유충은 침대를 게걸스럽게 먹어 치우며 몸집을 키운다. 유충의 성장은 굉장히 빠른 편으로 6주에서 8주가 지나면 비단 고치를 둘러 번데기 단계에 접어든다. 고치를 두른 못난이 유충은 번듯한 성충으로 성장해 번데기를 찢고 나온다. 변태는 수개월에 걸쳐 일어난다. 이듬해 봄, 해가 길어지고 날씨가 따뜻해지면 털보줄벌은 벌집 밖으로 나와 렁워트 꽃에서 꿀을 따 먹는다. 새로운 생애 주기의 시작이다.

다른 단생벌과 마찬가지로 수컷 털보줄벌은 암컷보다 작다. 수컷 털보줄벌의 털은 좀처럼 눈에 띄지 않는 흐릿한 갈색으로, 좋아하는 꽃에 줄지어 매달려서 소란스럽게 붕붕대는 소리를 내지 않는다면 존재조차 눈치채지 못하고 지나치기 쉽다. 선명한 검은 옷을 입은 암컷 털보줄벌이 다가오면 수컷 털보줄벌은 특별한 구애 페로몬을 내뿜는다. 짝짓기가 끝난 암컷 털보줄벌은 알을 낳을 보금자리를 찾아 떠나고, 수컷은 그 자리에 남아 다른 암컷이 다가오길 기다린다.

현재 지구상에는 450여 종에 달하는 꽃벌이 서식한다. 초록눈줄벌(앤소포라 비마큘라타*Anthophora bimaculata*), 두갈래꼬리줄벌(앤소포라 푸르카테*Anthophora furcate*)이 여기에 속한다.

건축 장인

단생벌은 집을 짓는 방법에 따라 7개 과科로 구분된다. 예를 들어 미장이벌을 비롯한 어리꿀벌과Colletidae는 이름에서 짐작할 수 있듯 입자가 작은 방수물질을 분비해 지하에 나란히 벌집을 짓고 산다. 애꽃벌과Andrenidae에 속한 벌은 지하에 굴을 파고 사는데, 몇몇 종은 고도로 발달한 굴착 기술을 보유하고 있다. 애꽃벌과는 온대기후에 주로 서식한다. 애꽃벌의 희귀한 친척뻘인 털보애꽃벌과Melittidae는 특정한 꽃만 방문한다. 1억 년 전 생성돼 세상에서 가장 오래된 벌 화석이 털보애꽃벌과에 속한다고 추측된다. 모래나 흙에 구멍을 파고 사는 고랑벌은 꼬마꽃벌과Halictidae에 속한 4천여 종 가운데 하나로, 꼬마꽃벌과는 중국을 비롯해 전 세계 각지에서 흔히 발견된다. 꼬마꽃벌과와 대조적으로 스테노트리티데과Stenotritidae는 오직 호주에서만 서식하며 그나마도 20여 종이 전부다.

전 세계에 곳곳에 서식지를 둔 가위벌과Megachilidae는 대개 식물의 줄기나 죽은 나무, 낡은 회반죽 등 구멍을 찾아 벌집을 짓는다. 머리뿔가위벌과 잎사귀가위벌은 커다란 턱으로 진흙이나 나뭇잎을 뭉개서 집에 칸막이를 세우거나 구멍을 메운다. 가위벌과에 속하는 다른 벌들은 벌집에 물이 새지 않도록 특정 식물에서 나는 기름을 채취해서 바르거나 나뭇잎에서 섬유를 뽑아내 가구를 만들기도 한다.

단생벌 중 최고의 목수를 꼽으라면 단연 어리호박벌이 1위를 차지할 것이다. 어리호박벌의 학명인 자일로코파*Xylocopa*는 그리스어로 '나무를 자르는 사람'이라는 뜻을 지니며, 영어로는 목수벌carpenter bee이라고 불린다. 실제로 어리호박벌은 단단한 턱을 사용해 나무라면 어디든 구멍을 뚫고 들어가 집을 짓는다. 썩어가는 나무 밑동부터 인간이 만든 나무판자, 목재 상자까지 가리지 않는다. 어리호박벌 730여 종 가운데 대부분이 열대지방이나 온대지방에 서식한다. 날개 지름이 60밀리미터에 육박하는 최대종 자일로코파 라티페스*Xylocopa latipes*도 예외는 아니다. 온통 검은색으로 뒤덮인 거대한 어리호박벌의 날개는 빛을 받으면 금속처럼 반짝이는데, 각도를 잘 찾으면 황홀한 황금빛을 감상할 수 있다. 하지만 유럽에서 가장 큰 어리호박벌은 보라색 어리호박벌, 즉 자일로코파 비올라케아 *Xylocopa violacea*다. 보라색 어리호박벌의 몸통 길이는 25밀리미터로 꽤나 위협적인 크기를 자랑한다. 우리는 이탈리아에 휴가를 갔다가 처음으로 보라색 어리호박벌을 만났고, 혹시 모를 상황에 대비해 거리를 유지했다. 우려가 무색하게도 보라색 어리호박벌은 느긋하게 비행을 즐겼다. 게다가 단생벌이 대개 그렇듯 보라색 어리호박벌 역시 웬만하면 침을 쏘지 않는다. 그리고 얼마 전 우리는 스페인에서 다시 한 번 보라색 어리호박벌을 마주했다. 로즈메리 꽃에 앉아 꿀을 먹는 검은 벌의 날개 위로 아름다운 보랏빛이 일렁였다. 이름과 특징을 알고 나니 그 모습이 더욱 아름답게 느껴졌다.

꿀벌과에 속하는 어리호박벌은 뒷다리에 꽃가루를 담아 운반한다. 꽃가루가 노란색이라 생각하는 사람이 많겠지만, 사실

보라색 어리호박벌

붉은진흙벌

꽃가루의 색깔은 다양하다. 벌을 관찰하면서 가장 재미있는 부분 중 하나가 꽃가루의 색깔을 보고 벌이 어떤 꽃을 방문했는지 알아맞히는 것이다. 간단하게 들리지만 그렇지 않다. 꽃가루의 색깔과 꽃의 색깔이 전혀 다를 수도 있기 때문이다. 예를 들어 새빨간 양귀비의 꽃가루는 검은색이고, 샛노란 가시금작화의 꽃가루는 붉은빛을 띤다. 자주색 크로커스는 주황색 꽃가루를 만들어 낸다.

우리 정원 한구석에 뿌리를 내린 사과나무 주변은 달콤한 꿀을 찾아 붕붕대는 벌로 항상 북적이는데, 가만히 살펴보면 꽤 많은 벌이 배 아래쪽, 꽃가루솔이라 불리는 털 뭉텅이에 주황색 꽃가루를 잔뜩 묻히고 있다. 이는 붉은진흙벌과 꿀벌을 구별하는 방법 중 하나이기도 하다. 붉은진흙벌의 몸통 길이는 12밀리미터로 꿀벌보다 조금 작고 통통하며 꿀벌에 비해 훨씬 둥그런 엉덩이를 가지고 있다. 수컷 붉은진흙벌은 갈색이라 붉은진흙벌이라는 이름은 암컷에게만 적용된다.

벌 호텔에 사는 벌들

진흙벌은 벽 틈새나 빈 식물 줄기처럼 작고 어두운 구멍에 보금자리를 마련한다. 우리는 진흙벌을 돕기 위해 헛간 처마 밑에 벌집을 만들어서 달아 놨다. 마분지를 말아 직경이 5밀리미터에서 15밀리미터 정도 되는 기다란 대롱을 만든 뒤 15센티미터 길이로 잘라서 빽빽하게 붙이면 원통형 '벌 호텔'이 완성된다(228페이지 참고). 진흙벌과 가위벌이 벌 호텔에 체크인해 알을 낳았다. 다음 해 봄이 되면 수컷 붉은진흙벌이 가장 먼저 모습을 드러낸다. 진흙 벽을 씹고 나온 수컷 붉은진흙벌은 대롱 밖으로 부스스한 머리를 내놓고 더듬이를 까딱이며 주변 지형을 파악한다. 안전하다는 판단이 서면 붉은진흙벌은 호텔 밖으로 완전히 빠져나와 입구 주변에서 일주일 정도를 붕붕대며 암컷 붉은진흙벌이 나타나길 기다린다.

암컷 붉은진흙벌이 마침내 호텔 밖으로 빠져나오면 수컷은 암컷을 유혹하기 위해 바쁘게 움직인다. 자연의 법칙에 따라 빠르고 힘센 수컷만이 암컷에게 선택받을 수 있다. 수컷 붉은진흙벌은 자신보다 덩치가 큰 암컷의 등에 매달려 날개를 휘두르며 매력을 뽐낸다. 등에 매달린 수컷이 성에 차지 않으면 암컷은 몸을 흔들어 수컷을 떨쳐버린다. 수컷이 마음에 들면 암컷은 수컷의 구애를 받아들인다. 짝짓기가 끝나면 암컷 붉은진흙벌은 알을 낳을 둥지를 찾아 떠난다. 운이 좋다면 우리가 만든 벌 호텔에 깨끗하고 빈 객실을 찾을 수 있을 것이다.

붉은진흙벌은 진흙을 사용해 집을 꾸민다. 진흙 한 덩이를 땅에 놓아두고 기다리면 붉은진흙벌이 나타나 턱으로 진흙을 퍼서 집으로 가져가는 모습을 관찰할 수 있을 것이다. 붉은진흙벌은 진흙을 씹어서 만든 칸막이로 대롱을 6칸이나 7칸으로 나눈다. 그리고 각 칸마다 꽃가루와 꿀을 채워 넣고 한 칸에 한 개씩 알을 낳는다. 암벌은 약 30개까지 알을 낳을 수 있으니 대롱이 4개에서 5개 정도 필요하다. 대롱에 알을 모두 낳은 어미 벌은 지칠 대로 지친 몸을 이끌고 진흙으로 입구를 막는다. 털보줄벌과 마찬가지로 붉은진흙벌 또한 알을 낳고 얼마 안 돼 수명을 다한다. 이듬해 봄 생명을 얻어 대롱 밖으로 나온 딸과 아들이 어미의 업적을 이어받아 사과나무와 꽃의 수분을 도울 것이다.

한여름이 되면 장미덤불에 펀치로 뚫어 놓은 듯한 구멍을 볼 수 있다. 가위벌의 소행이다. 가위벌은 가위처럼 생긴 턱으로 잎사귀에 둥근 구멍을 뚫는다. 꿀벌보다 조금 더 어두운 털 색깔과 배 아래쪽에 달린 주황색 꽃가루솔이 가위벌의 외형적 특징이다. 하지만 가위벌을 구별하는 가장 좋은 방법은 따로 있다. 자그마한 벌이 몸통의 두 배는 될 법한 잎사귀를 들고 날아다니는 모습을 본다면 그 벌은 가위벌이 틀림없다. 빗자루를 타고 날아가는 마녀처럼 다리 사이에 커다란 잎사귀를 끼우고 비행하는 가위벌의 모습은 무척 인상 깊다. 집으로 돌아온 가위벌은 침으로 큰 잎사귀를 이어 붙여서 아기 방 벽을 세운다. 알을 다 낳은 가위벌은 작은 잎사귀를 씹어서 만든 반죽으로 입구를 막는다. 진흙벌과 가위벌이 호텔에 이웃해 살

가위벌

면서 진흙과 잎사귀로 초록색과 갈색 출입문을 만드는 경우가 생각보다 흔하다.

패치워크가위벌(메가칠레 센툰큘라리스*Megachile centuncularis*)은 우리 정원에서 자주 목격된다. 북아메리카에 서식하는 검은가위벌(메가칠레 멜라노파에아*Megachile melanophaea*)은 주로 장미 이파리를 모으는 반면 알팔파가위벌(메가칠레 로툰다타*Megachile rotundata*)은 주로 알팔파나 클로버, 메밀 이파리를 사용해 벌집을 짓는다. 사막가위벌은 선인장 꽃을 잘라서 벽지로 쓴다. 북아메리카가위벌은 푸른과수원진흙벌(오스미아 리그나리아*Osmia lignaria*) 또는 블루베리진흙벌(오스미아 리비플로리스*Osmia ribifloris*)과 이웃해 살아간다.

단생벌을 구별하는 방법

어떤 단생벌은 벌집을 짓는 방식이 아닌 외양적 특성에 따라 이름이 붙여졌다. 예를 들어 수컷 긴뿔벌(유세라 롱기코르니스*Eucera longicornis*)은 날개 지름보다 기다란 더듬이 한 쌍을 지닌다. 한편 암컷 바지벌(다시포다 히르티페스*Dasypoda hirtipes*)은 뒷다리에 커다란 주황색 바지를 입은 것처럼 생겼다. 사실 바지처럼 보이는 이 신체부위는 유독 큰 꽃가루바구니다. 뒷다리에 달린 꽃가루바구니는 모래땅에서 굴을 파는 데 도움이 된다. 이렇게 굴을 파낼 때 출입구 옆에 부채 모양으로 쌓인 모래더미는 해안을 걷다 보면 가끔 눈에 띄는 사구와 매우 흡사하다.

암컷 황갈색애꽃벌(안드레나 풀바*Andrena fulva*)은 유럽에 서식하는 단생벌 중 나에게 가장 깊은 인상을 남긴 벌로 가슴과 배에

바지벌

눈이 시리게 쨍한 주황색 털이 보송보송 나 있다. 황갈색애꽃벌은 지하에 굴을 파고 산다. 종종 같은 종 수백 마리와 이웃해 사는데, 널찍한 중앙 통로를 중심으로 측면에 작은 굴을 판 지하 도시는 무척 정교한 체계를 갖추고 있다. 각 통로의 끝에 자리한 작은 방은 알을 낳는 공간이다. 다른 단생벌과 마찬가지로 황갈색애꽃벌 또한 한 방에 하나씩만 알을 낳는다. 봄이 돌아오면 성충이 된 황갈색애꽃벌이 여우처럼 밝은 주황빛 털을 뽐내고 초록색 잔디밭을 누비며 장관을 이룬다. 황갈색애꽃벌은 정원사가 아름다운 정원을 가꾸기까지 들인 노고에 아랑곳 않고 이곳저곳에 굴을 파고 흙을 쌓는다. 외모가 워낙 눈에 띄는 덕분에 과일나무 꽃잎이나 민들레, 알카넷처럼 정원에서 흔히 키우는 꽃에 앉아 있는 황갈색애꽃벌을 찾기는 어렵지 않다.

호주에는 테디베어벌(아메길라 봄비포르미스*Amegilla bombiformis*)

이라는 귀여운 이름을 가진 벌이 있다. 동글동글한 몸통에 주황빛을 띠는 밝은 갈색 털은 보들보들한 테디베어를 떠올리게 한다.

앞서 설명한 것처럼 독특한 외양을 지닌 단생벌도 있지만, 대부분은 평범하게 생겨서 한눈에 어떤 종인지 알아보기는 쉽지 않다. 헤어스타일이나 몸통 무늬를 보고 대강 짐작을 할 뿐이다. 노랗고 검은 줄무늬를 가진 애꽃벌만 수천 종에 이른다. 붉은허리애꽃벌, 긴머리애꽃벌, 큰머리애꽃벌 등 재미있는 이름으로 불리는 애꽃벌을 보면 알 수 있듯 인간은 미세한 차이로 수많은 애꽃벌을 구별한다.

마찬가지로, 꼬마꽃벌 또는 땀벌(열대지방에 서식하는 땀벌은 인간이나 동물의 땀을 빨아 먹으면서 귀중한 염분과 수분을 보충한다)이라 통틀어 불리는 자그마한 벌 수천 종은 주황다리벌, 하얀발벌, 붉은등벌, 넓적얼굴벌, 뾰족칼라벌처럼 생김새를 묘사하는 별명으로 불린다. 지하에 굴을 파고 사는 꼬마꽃벌은 전 세계 각지에 서식하고 있지만 평균 몸통 길이가 5밀리미터에서 10밀리미터밖에 안 돼 쉽게 눈에 띄지 않는다.

많은 꼬마꽃벌의 몸통은 푸른빛 또는 초록빛으로 윤기가 난다. 이 때문에 벌보다는 작은 파리처럼 보인다. 그중에서도 진꼬마꽃벌(라시오글로섬 칼시아툼*Lasioglossum calceatum*)과 초록꼬마꽃벌(라시오글로섬 모리오*Lasioglossum morio*)은 햇빛 아래서 보석처럼 반짝인다. 큰머리꼬마꽃벌(라시오글로섬 조누룸*Lasioglossum zonulum*)은 매끄럽게 빛나는 검은 몸통을 가지고 있다.

우리는 지난여름 정원을 날아다니는 꼬마꽃벌을 직접 목격했지만 구멍 뚫린 나무토막을 발견하기 전까지 이 작고 검은 날벌레가 벌일 것이라고는 생각조차 못 했다. 꼬마꽃벌은 송진을 이용해 빈 구멍을 여러 칸으로 나눈다. 칸마다 알을 하나

초록꼬마꽃벌

씩 낳은 후 유충이 태어나면 배를 곯지 않도록 꽃가루를 넉넉히 넣어 둔다. 준비가 끝나면 돌과 모래로 벌집 입구를 막는다. 꼬마꽃벌은 온몸의 체중을 실어 자그마한 돌과 모래를 제자리로 밀어 넣어서 귀여운 모자이크 문을 완성한다. 꼬마꽃벌이 애쓰는 모습을 지켜보고 있자니 감탄이 나는 동시에 조금 슬퍼졌다. 이 일을 끝내고 나면 얼마 못 가 짧은 생이 끝날 것을 알고 있기 때문이었다.

벌집 위치를 선택할 때는 주변에서 쉽게 먹이를 구할 수 있는지, 또 벌집을 지을 때 필요한 재료가 충분한지 고려해야 한다. 우리가 방문한 정원에는 왕가위벌이 굉장히 많았다. 왕가위벌이 벌집을 만들 때 주로 사용하는 재료인 송진이 풍부했기 때문이다. 우리 정원에 램스이어(스타치스 비잔티나*Stachys byzantina*)가 자라나면 방직벌이 자주 찾아오는 이유도 크게 다르지 않다. 방직벌은 램스이어 잎사귀 아래에 붙은 보송한 털을 모아 간다. 부지런히 움직이는 방직벌을 보고 있으면 시간이 어떻게 가는지 모르겠다. 방직벌은 램스이어 잎사귀에서 섬유를 뽑아낸 다음 돌돌 굴려 자기 몸만 한 공을 만든다. 커다란 공을 들고 집으로 돌아가 칸막이를 세우고 입구를 막는다. 유럽에 서식하는 다양한 방직벌 중 중유럽과 남유럽에서 발견되는 안시디움 플로렌티넘*Anthidium florentinum*은 민들레 꽃씨에서 뽑아 만든 섬유로 집을 꾸민다.

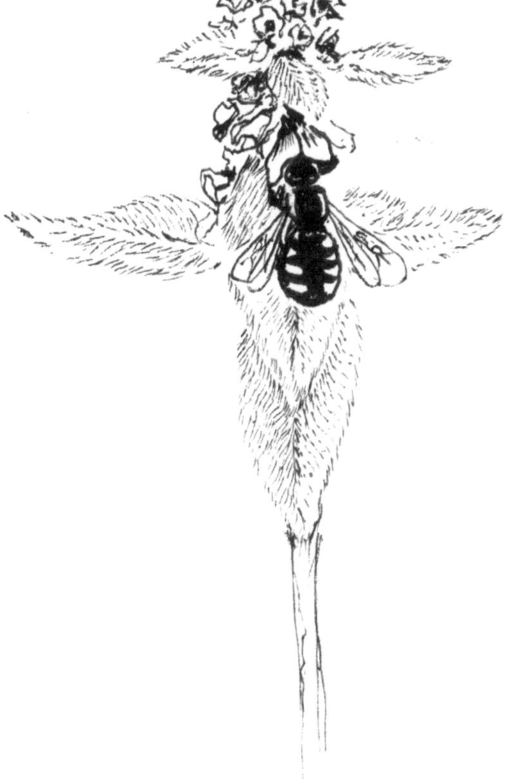

램스이어에 앉은 방직벌

늦여름쯤 되면 우리 정원을 보금자리로 삼았던 벌 대부분이 수명을 다한다. 하지만 초가을에 접어들면서 담쟁이애꽃벌이 나타나 담쟁이 꽃가루와 꿀을 먹고 산다. 담쟁이애꽃벌의 짧은 생애 주기는 담쟁이 꽃의 개화 시기와 정확히 일치한다. 담쟁이애꽃벌은 담쟁이 꽃이 없으면 살 수 없다.

편식쟁이 벌

담쟁이애꽃벌처럼 특정한 꽃의 꽃가루만 먹고 살도록 진화된 단생벌이 많다. 이렇게 한 가지 꽃만 고집하는 벌을 올리고렉티oligolecty라고 부른다. 많은 편식쟁이 벌이 클로버벌(멜리타 레포리나*Melitta leporina*), 헤더벌(콜레테스 서싱투스*Colletes succinctus*)처럼 주식으로 삼는 꽃 이름을 따서 불리고 있다.

아마 중남미에 서식하는 화려한 난초꽃벌 200여 종이 올리고렉티 중에서는 가장 유명할 것이다. 빅토리아 시대 비평가 존 러스킨John Ruskin은 난초꽃의 생김새가 지나치게 '야하다'고 지적했다. 우연인지는 모르겠지만, 난초꽃은 굉장히 독특한 방식으로 꽃가루를 퍼뜨린다. 난초꽃은 암컷 난초꽃벌과 비슷한 냄새를 풍겨 수컷을 유혹한다. 냄새에 홀린 수컷은 꽃과 짝짓기를 시도하다가 몸에 꽃가루를 묻힌다. 볼일이 끝난 수컷 난초꽃벌은 꽃가루를 묻히고 여기저기 날아다니다 또 다른 난초꽃에 속아 같은 실수를 반복한다. 그렇게 수분이 이루어진다. 벌의 수고에 대한 답례로 꿀을 제공하지 않고 유전자를 퍼뜨리기 위해 이런 속임수를 사용하는 난초꽃 종도 있지만, 나름대로 대가를 치르는 종이 더 많다. 난초꽃이 풍기는 냄새에 홀려 들어간 수벌은 암벌을 유인하는 데 효과적인 화학 물질을 묻혀서 나온다.

침입자 벌

단생벌의 25퍼센트는 집짓기 기술을 갖추고 있지 않다. 직접 집을 지을 능력이 없는 클렙토패러사이트cleptoparasite, 즉 뻐꾸기벌은 다른 종이 지은 집을 슬쩍 차지한다. 단생 뻐꾸기벌은 최소 5천 종 이상으로 추정된다. 배가 선명한 붉은색인 피벌과 얼룩말과 비슷한 검정 줄무늬를 가진 뾰족꼬리벌을 비롯한 여러 단생벌은 특정 종이 만든 집만을 노린다. 반면 떠돌이벌처럼 기회주의적인 성격을 지닌 벌은 종에 관계없이 이 집 저 집을 마구잡이로 침범한다.

멜렉타 알비프론스*Melecta albifrons*는 털보줄벌의 집에 기생한다. 멜렉타 알비프론스는 통통한 검은 배 옆에 하얀 점이 콕콕 박힌 귀여운 외양을 하고 있지만 우리의 불쌍한 털보줄벌이

당하는 봉변을 생각하면 귀엽다는 생각이 전혀 들지 않을 것이다. 이 뻐꾸기벌은 털보줄벌 집에 몰래 들어가 알을 낳고 도망친다. 알에서 깬 멜렉타 알비프론스 유충은 털보줄벌이 곧 태어날 새끼를 위해 모아둔 꽃가루를 바닥내는 데 만족하지 않고 털보줄벌 알이나 유충까지 먹어 치운다. 뾰족꼬리벌은 가위벌 벌집에 숨어든다. 뾰족꼬리벌이 보인다면 근처에 가위벌 벌집이 있을 확률이 높다.

그렇다고 뻐꾸기벌의 침입을 막기 위해 노력할 필요는 없다. 자연은 신비로운 방법으로 작용하며, 우리는 그를 존중해야 한다. 뻐꾸기벌은 숙주 벌 개체가 건강하게 유지되고 있다는 증거나 마찬가지다.

새로 발견되는 단생벌

새로운 단생벌 종이 꾸준히 발견되고 있다. 2009년, 같은 도시에 공존하는 다른 단생벌 200종과 혼동되던 벌이 마침내 이름을 얻었다. 크기가 몇 밀리미터밖에 안 되는 이 작은 땀벌은 뉴욕 식물원에서 발견된 덕분에 고담벌(라시오글로섬 고담 *Lasioglossum gotham*)이라고 불린다.

사회적 활동의 증거

혼자 살아가는 단생벌도 나름대로 사회 활동을 한다. 몇몇 종은 가족의 개념을 유지하며 분업을 하는 등 원시적 형태의 사회성을 보여준다. 한 예로 어미 어리호박벌은 딸과 역할을 나눠서 음식을 찾거나 집을 지킨다.

4천여 종에 달하는 작은 땀벌과 고랑벌은 더욱 사회적이다. 한 무리의 우두머리 격인 암벌은 한 계절 동안 2세대 또는 3세대에 걸쳐 생식 능력이 없는 암벌을 낳는다. 이렇게 태어난 딸들은 어미 벌과 가까운 곳에 보금자리를 마련하고 어미 벌의 지시에 따라 일을 분담한다. 늦여름이 다가오면 어미 벌은 생식 능력을 지닌 수벌과 암벌을 낳는다. 이들은 이웃한 벌과 짝짓기를 통해 알을 낳고 새로운 가족을 꾸려 사회 활동을 이어

나간다.

단생벌의 원시적 사회생활은 약 2천만 년 전부터 이어져 온 것으로 추정된다.

단생벌의 중요성이 지금까지 간과돼 왔다는 사실에는 의심의 여지가 없다. 하지만 유전자 염기서열 분석과 디지털 영상 촬영 등 새로운 기술이 등장하면서 과학계가 단생벌을 체계적

푸른 벌

조류, 포유류, 곤충을 막론하고 자연에는 푸른빛을 띠는 생명체가 흔치 않다. 그래서인지 물총새나 공작의 푸른 깃털이 유독 아름답게 느껴진다. 푸른목수벌(자일로코파 카에룰리아*Xylocopa caerulea*) 또한 희귀한 예로 손꼽힌다. 중국 남부, 인도, 동남아시아에서 흔히 발견되는 거대한(몸통 길이가 23밀리미터까지 자란다) 푸른목수벌은 가슴부터 배까지 온몸이 화사한 푸른 털로 뒤덮여 있다. 마치 검은 몸에 북실북실한 파란색 외투를 걸친 것 같은 모습이다.

작은 땀벌 몇 종 또한 푸른빛 또는 초록빛으로 반짝이지만 커다란 푸른목수벌에 비할 바는 못 된다.

으로 구별하고 이름을 붙이는 중이니 앞으로 차차 나아지리라 기대해 본다. 실제로 담쟁이애꽃벌은 1993년에 들어서야 고유종으로 인정받고 학명을 부여받았다. 이후 담쟁이애꽃벌은 유럽 전역에서 발견됐고, 얼마 전에는 2016년 런던의 한 공원에 설치해 둔 벌 호텔에 벌집을 튼 에치움가위벌(호플리티스 아둔카 *Hoplitis adunca*)과 함께 영국 토종벌 250종에 이름을 올렸다.

두 번째 장

벌과 인간

인간과 벌은 호모 사피엔스가 출현했을 때부터 길고도 질긴 인연을 맺어 왔다. 인간은 동굴에 살 때부터 꿀을 얻기 위해 벌을 사냥했고, 남아프리카에는 2만 년 전 벌 사냥을 그린 암벽화가 수십 점 남아 있다. 하지만 벌 사냥을 그린 벽화 중 가장 유명한 작품은 스페인 북부에서 발견됐다. 벽화는 두 사람의 위험천만한 벌 사냥을 묘사한다. 밧줄로 만든 사다리를 타고 절벽을 기어올라 한 사람은 주변을 맴도는 벌떼에 아랑곳 않고 벌집에 팔을 쑤셔 넣고, 다른 한 사람은 그 밑에서 바구니를 받쳐 들고 꿀이 떨어지길 기다린다. 산탄데르 근처 스파이더 케이브Spider Cave에 남은 벽화는 무려 1만 년 전에 그려졌다. 이 벽화는 아주 먼 과거부터 인간이 꿀을 얼마나 중요하게 여겼는지 잘 보여준다. 꿀은 영양이 듬뿍 담긴 음식, 천연 감미료이자, 인류 최초의 발효주 중 하나로 아주 오래전부터 많은 사랑을 받아 왔다.

고대부터 이어져 온 양봉

일부 아시아 지역에서는 아직까지 절벽 꼭대기 높이 매달린 야생 거인꿀벌 벌집을 사냥하는 풍습이 남아 있다. 하지만 인간은 3천 년 전 고대 이집트인과 중국인이 양봉을 시작한 이래로 지금까지 줄곧 크기가 작은 서양꿀벌과 재래꿀벌을 관리해 왔다.

처음으로 협회에서 작은 상자에 꿀벌 군집을 받아 왔을 때, 어렴풋이 우리가 고대로 거슬러 올라가는 기나긴 전통을 계승하고 있다는 느낌을 받았다. 이집트 사원에 남아 있는 그림으로 알 수 있듯, 고대 이집트에서는 진흙으로 만든 거대한 골무 모양 벌집에 꿀벌을 키웠다. 고대 로마의 시인 버질Virgil은 기원전 30년경 농경을 주제로 출간된 책 『게오르기카Georgics』 제

4권에 양봉과 관련된 내용을 상세하게 기록했다. 이는 양봉에 대해 이야기하는 최초의 기록으로, '노동을 꺼리는' 수벌부터 '합의에 따라 벌집 밖으로 나가 먹이를 구하는 임무를 수행하는' 일벌까지 꿀벌이 지닌 습성을 자세하게 설명한다. 버질이 남긴 지혜는 수천 년이 지난 오늘날까지도 농부에게 큰 도움을 주고 있다. 『게오르기카』에는 '꿀벌을 머무르게 만들려면 바람이 들지 않는 장소에 벌집을 놔야 한다'거나 '양이나 염소

신격화된 벌

고대 그리스 신화에 등장하는 신 아리스타이오스Aristaeus는 양봉의 신으로 묘사된다. 중앙아메리카 숲속에 자리한 마야 신전에는 사제가 벌침 없는 꿀벌을 키우던 나무통이 발견됐다. 이뿐 아니라 고대 마야인은 양봉가를 보호하는 수호신 목치를 숭배했다. 마야 문명의 사제는 1년에 두 번 꿀을 수확하기 전에 양봉의 신에게 제사를 올리며 허락을 구했다. 심지어 기독교에도 양봉의 성인聖人이 있다. 4세기 밀라노 주교 성 암브로스Ambrose와 6세기 아일랜드 수녀 성 고브니트Gobnait가 대표적이다(169페이지 참고).

가 꽃을 뜯어먹지 못하게 막아야 한다'는 조언이 담겨 있다.

중세 유럽 사회의 구심점이었던 수도원과 수녀원에서는 직접 꿀을 생산하고, 꿀로 술을 빚고, 밀랍으로 양초를 만들었다. 과수원 옆 땅에는 양봉장을 따로 마련하고 벌집을 잔뜩 지어서 꿀벌을 키우고 꿀을 수확했다.

마야 문명의 사제는 벌침 없는 꿀벌을 신이 보낸 선물로 여겼다. 이들은 벌침 없는 꿀벌을 슈난캅, 즉 고귀한 여인이라 부르며 애지중지 돌봤다. 실제로 마야 상형문자에는 양봉 기술을 설명하는 구절이 있다.

꿀이 상징하는 것

꿀은 귀중한 감미료로 사용되지만 동시에 달콤함과 사랑을 상징한다. 수많은 고대 종교와 초기 문명이 부지런히 꿀을 따는 벌을 숭배한 이유가 여기에 있다. 고대인은 꿀을 신이 먹는 음식 암브로시아라고 여겼다. 이집트에서는 파라오를 미라로 만들어 꿀과 함께 매장한 피라미드가 발견됐다. 위대한 파라오가 사후세계를 즐길 수 있도록 준비한 간식이었다. 놀랍게도 발견 당시 꿀은 조금도 상하지 않은 상태였다.

힌두교에서 사랑을 관장하는 신인 카마Kama는 벌로 만든 끈에 활을 묶어 다닌다. 이와 비슷하게 고대 그리스와 로마에서 사랑의 신으로 추앙받던 에로스Eros와 큐피드Cupid는 화살을 꿀에 담가서 사용했다고 전해진다.

예로부터 벌은 인간과 신을 잇는 신성한 존재로 여겨졌다. 버질은 '하늘을 떠다니는 달콤한 꿀은 천국에서 내려준 선물'이라는 구절로 글을 써 내려가기 시작했다. 로마 시대에 백과사전을 편찬한 플리니Pliny는 꿀을 '천국의 땀방울'이자 '별이 흘린 침'이라고 묘사했다.

마야인은 꿀로 인류 최초의 발효주 발체balché를 만들었다. 현대에 들어서는 이를 미드mead, 즉 벌꿀 술이라 부른다. 그리스와 로마, 중세 유럽에서 미드는 결혼식에 빠져서는 안 되는 중요한 축하 의식으로 받아들여졌다. 신랑 신부는 결혼식이 끝나고 한 달 내내 하루도 빠짐없이 미드를 마시며 행운과 행복을 기리고 아들을 낳길 기도했다. 아마도 이 의식에서부터 허니문이라는 단어가 유래했다고 짐작된다. 에티오피아에서는 5천 년 전부터 꿀을 가지고 테즈tej라는 술을 빚어 왔다. 아직까지도 이 꿀술은 에티오피아에서 널리 음용되고 있다.

약이 되는 꿀

꿀에는 항바이러스, 항염, 항균, 소독 효과가 있어 오래도록 약으로 사용됐다. 인류는 지난 수천 년 동안 관절염부터 건초열, 인후통, 궤양까지 온갖 질병을 치료하기 위해 꿀을 섭취해 왔다. 고대부터 현대까지 명맥을 이어 온 중국과 마야의 전통 의학과 인도의 아유르베다 요법은 환자의 다양한 증상에 꿀을 처방한다.

의학의 아버지 히포크라테스Hippocrates는 환자에게 종종 꿀을 섭취하라고 권유했다. 또, 아리스토텔레스Aristotle는 꿀이 장수를 가져오고 소화를 돕는다고 믿었다. 이슬람 성전 코란에는 '벌'이라는 장章이 있는데, 벌의 배에서 꿀이 나온다며 '꿀은 인간을 치유하는 형형색색의 음료'라고 설명한다.

건초열

몇몇 건초열 환자는 매일 아침 꿀을 한 스푼씩 먹어서 꽃가루 알레르기를 완화했다고 호언장담한다. 실제로 가공을 거치지 않은 토종꿀에는 소량의 꽃가루가 들어 있어 주기적으로 조금씩 섭취하면 면역력을 기르는 데 도움이 될 수 있다.

상처 드레싱에도 꿀이 사용됐다. 심지어 식약청으로부터 허가 받은 상처 치료 드레싱 중에도 꿀이 들어간 제품이 있다. 꿀은 당도가 높고 수분이 적은데다 적은 양이지만 피부와 접촉하면 산소로 분해되는 과산화수소를 포함하고 있어 항균 효과를 지닌다. 또한 수분을 끌어당기고 새 살이 돋도록 유도해 흉터를 남기지 않고 상처를 회복하도록 돕는다. 이뿐 아니라

메티실린 내성 황색포도알균 감염 등 약물에 내성이 있는 질병을 치료할 때 꿀과 특정 항생제를 결합하면 더욱 효과적이라는 연구 결과도 있다.

얼마 전부터는 마누카 꿀이 가진 의학적 효능이 주목을 받고 있다. 마누카 덤불(티트리라고도 알려져 있다)에서 채취한 화밀에는 디히드록시아세톤이라는 화합물이 풍부하다. 디히드록시아세톤은 메틸글리옥살을 생성하는데, 이 화학 물질 덕분에 마누카 꿀은 염증을 완화하고 암세포를 억제한다.

영양학적으로 모든 꿀은 약 80퍼센트가 인체에 직접 흡수되는 당분으로 구성돼 있다. 아마 아리스토텔레스는 이런 특수한 구성 때문에 꿀이 소화를 돕는다고 이야기했을 것이다. 당분을 제외한 나머지 20퍼센트는 인, 칼슘, 마그네슘, 철, 아연, 포타슘, 셀레늄, 망간 등을 함유한 미네랄과 수분, 약간의 비타민B와 비타민C로 이루어져 있다.

18세기와 19세기에 걸쳐 사탕수수가 저렴한 값으로 유럽에 수입되면서 꿀은 유일한 감미료로서의 위상을 잃었다. 하지만 정제 설탕과 인공 감미료를 대체할 건강한 천연 감미료로서 그 가치를 인정받고 있다.

꿀 수확

아직까지도 처음으로 꿀을 수확했던 그때를 잊을 수 없다. 가슴이 벅차오르는 마법 같은 경험이었다. 우리는 길고 무더운 여름 동안 정성을 다해 꿀벌을 돌봤다. 우리의 마음을 알아줬는지 꿀벌은 모든 수고를 잊을 만한 달콤한 대가를 기꺼이 내주었다. 이듬해에는 날씨가 따라주지 않았다. 봄은 추웠고 여름에는 하루가 멀다 하고 비가 내렸다. 당연히 수확할 수 있는 꿀이 얼마 안 됐다. 하지만 꿀벌이 황금빛 액체 한 숟가락을 만들기까지 얼마나 큰 수고를 들였는지를 생각하면(71페이지 참고) 꿀을 조금이라도 얻을 수 있음에 감사하게 된다.

직접 벌을 쳐 보면 꿀벌 군집이 보통 얼마나 성장하는지, 또 군집이 한 해 동안 얼마만큼의 꿀을 생산하는지 평균 내기는

감기가 뚝 떨어지는 따뜻한 꿀차

아주 오래전부터 인류는 목이 붓거나 감기에 걸리면 꿀을 섭취해 왔다. 오늘날에도 잠자리에 들기 전 레몬과 꿀을 넣어 만든 뜨거운 차 한 잔으로 감기 기운을 달래는 사람들이 많다.

- 레몬즙 2큰술(약 레몬 반 개 분량)
- 가볍게 흘러내리는 꿀 1큰술
- 뜨거운 물 한 잔(펄펄 끓을 정도로 뜨거운 물은 필요 없음)
- 계피 스틱(생략 가능)

먼저 레몬즙과 꿀을 잔에 넣고 잘 섞는다. 그리고 끓기 직전의 뜨거운 물을 부어 잔을 가득 채운다.
레몬꿀과 뜨거운 물을 잘 저어준 후 계피 스틱을 하나 넣는다. 맛을 보고 너무 새콤하면 꿀을 조금 더 추가한다. 입맛에 맞게 꿀 양을 조절해서 마시면 감기 기운을 달래는 데 도움이 된다.

어렵다는 사실을 곧 깨닫는다. 날씨가 좋아서 나무와 풀에 꽃이 활짝 핀다면 그만큼 벌이 꿀을 많이 딸 수 있으니 신선한 먹이를 배불리 먹고 자란 유충은 건강한 군집을 형성할 것이고, 수확량도 늘어날 것이다.

우리 집 거실 선반에는 꿀을 담은 유리병이 천장까지 높게 쌓여 있다. 모든 유리병에는 꿀을 수확한 날짜와 위치가 적힌 라벨을 붙여 뒀다. 어떤 꿀은 수확한지 얼마 안 돼 아직 투명한 금색으로 흘러내리고, 어떤 꿀은 세월이 지나며 단단하게 굳었다. 짙은 호박색을 띠는 꿀도 있지만 대부분은 옅은 황금빛을 띤다. 꿀벌이 어떤 꽃에서 꿀을 땄는지에 따라서도 꿀의 상태가 달라진다. 어느 해에 수확한 꿀은 딱총나무 꽃향기를 진하게 풍겼지만, 대개는 라임나무(보리수, 피나무, 참피나무라고도 불린다) 근처에서 흔히 맡을 수 있는 상큼한 향기가 났다. 북반구에는 라임나무를 가로수로 심는 도시가 많으니 한여름 더위가 한풀 꺾이면 피는 작고 하얀 꽃에서 꿀을 따는 벌이 많을 수밖에 없다.

일반적으로 꿀벌은 벌집 반경 5킬로미터 내에서 꿀을 채취한다. 꽃이 온 정원을 뒤덮은 마을이나 나무가 빽빽한 공원, 부들레아와 야생초가 여기저기 씨를 퍼뜨려 꽃이 만개한 벌판 사이를 지나는 철로에 벌집을 지은 꿀벌은 보통 1.5킬로미터를 벗어나지 않는다. 이렇게 다양한 꽃이 피는 장소에 벌집을 지은 꿀벌은 잡화꿀을 생산한다. 특정 꽃이 차지하는 지분이 유독 크더라도 여러 꽃에서 딴 꿀이 한데 섞인다는 사실은 변

꿀벌의 이동 거리

놀랍게도 한 꿀벌 군집은 꿀 1킬로그램을 생산하기 위해 무려 8만 9천 킬로미터를 비행한다(72페이지 참고). 이는 지구 한 바퀴 반을 돌 수 있는 엄청난 거리다. 평범한 꿀벌 군집은 한 해 평균 18킬로그램의 꿀을 생산하니, 계산해 보면 1년에 총 320만 킬로미터를 이동하는 셈이다.

하지 않는다. 반면 한 종류의 식물만 심어 둔 정원이나 한 종류의 과일만 키우는 과수원에 터를 잡은 꿀벌은 한 가지 꽃에서 딴 화밀로 꿀을 만든다.

현재 정식으로 분류된 꿀 종류만 300가지에 이른다. 당장 가까운 마트만 찾아도 전 세계 방방곡곡에서 생산된 꿀을 구매할 수 있을 것이다. 꿀을 생산한 벌이 어떤 꽃에서 먹이를 얻었는지에 따라 꿀의 색깔도, 향도, 맛도 달라진다. 프랑스의 라벤더 꽃밭에서 만들어진 꿀은 향기가 풍부하고, 태즈메이니아 팥꽃나무에서 얻은 꿀에는 톡 쏘는 맛이 있다. 그리스 백리향 꿀에서는 풀 냄새가 나고, 스코틀랜드 고원지대 헤더 꽃밭에서 생산된 꿀은 농도가 진하고 단단하다.

거의 투명한 꿀부터 검은색에 가까운 꿀까지 색깔도 다양하다. 보통 색깔이 밝을수록 맛도 부드럽다. 색이 짙은 꿀은 향이 강하고 심지어 살짝 씁쓸한 맛이 나기도 하지만 미네랄이 풍부하고 오래 보관해도 쉽게 상하지 않는다. 우리는 북아메리카 평원에서 생산된 메밀 꿀, 프랑스와 스페인에서 만들어진 밤 꿀을 아주 좋아한다. 맥아향이 감도는 메밀 꿀은 맛이 굉장히 깊고, 흙내를 풍기는 밤 꿀은 당밀처럼 쫀득하다.

점도도 색깔 못지않게 다양하다. 전 세계에서 즐겨 먹는 아카시아 꿀은 맛이 섬세하고 점도가 낮아 주르륵 흘러내리는 반면, 헤더 꿀은 젤리처럼 끈끈하다. 유독 결정화가 빨리 일어나는 꿀도 있다. 특히 유채 꿀은 벌집에서 이미 굳기 시작하기 때문에 빨리 수확해야 한다.

결정화는 천연 꿀에 일어나는 자연스러운 현상으로, 액체 상태의 꿀에 과립이 생성되며 반고체로 굳어 가는 변화를 의

미한다. 굳어버린 꿀을 다시 녹이고 싶으면 열을 살짝 가해주면 된다.

우리가 주변에서 흔히 구할 수 있는 꿀은 대부분 결정화를 방지하기 위해 열처리를 거쳐 판매된다. 우유를 저온살균 하는 것과 비슷하다. 열처리가 끝나면 꿀을 여과기에 걸러 꽃가루 알갱이를 제거한다. 저렴한 꿀은 대개 맛의 일관성을 유지하기 위한 목적으로 여러 산지에서 생산된 꿀을 섞어서 만든다. 통에 부착된 자그마한 라벨을 잘 살펴보면 여러분이 집어든 꿀이 유럽을 비롯한 세계 각지에서 조달됐다는 사실을 확인할 수 있을 것이다. 유명한 마누카 꿀 생산지인 뉴질랜드, 중국, 아르헨티나는 세계 최대 꿀 수출국으로 손꼽힌다.

부드럽게 펴 발리는 질감을 살리려고 거품을 쳐서 크림 제형으로 만든 꿀도 있다. 하지만 공정을 거칠 때마다 꿀은 조금씩 영양분을 잃을 수밖에 없다.

영양분이 온전한 생꿀

꿀이 가진 영양분을 오롯이 섭취하고 싶다면 벌통에서 꺼내 아무런 공정을 가하지 않은 생꿀을 먹길 추천한다. 벌집을 분리기에 넣고 돌려 나온 꿀을 성긴 체에 걸러 24시간 동안 커다란 꿀단지에 담아 뒀다가 깨끗이 소독한 유리병에 옮겨 담으면 꽃가루에 담긴 영양분까지 모두 보존한 생꿀이 완성된다. 꿀을 따로 분리하지 않고 쫀득쫀득한 벌집을 뭉텅이로 잘라낼 수도 있다. 취미 삼아 벌통을 몇 개만 두고 양봉을 하는 사람은 대부분 벌집을 잘라내는 방법으로 꿀을 수확한다.

유기농 꿀

꿀이 유기농 인증을 받으려면 양봉가는 벌통 주변의 꽃이나 나무가 유전적으로 조작되지 않았으며, 제초제나 농약을 비롯한 화학 물질과 접촉한 적이 없다는 사실을 증명해야 한다(벌통 반경 몇 킬로미터까지 이런 기준을 적용하는지는 나라마다 다르다). 영국에서 이렇게 엄격한 조건을 통과해 유기농으로 인정받은 꿀은 아마 헤더 꿀이 유일할 것이다. 세계 최초의 유기농 꿀 인증은 1983년에 들어서야 이루어졌다. 잠비아 열대우림 깊은 곳에 서식하는 야생벌이 만든 꿀이었다.

블랙베리 민트 탄산수

블랙베리 민트 탄산수는 한여름 파티와 소풍에 곁들이기 딱 좋다. 쉽고 빠르게 만들 수 있을 뿐 아니라 맛있고 건강한데다가 지나치게 달지도 않다. 아래에서 소개하는 조리법은 2잔 기준이니, 손님이 더 많다면 양을 늘려서 준비하면 된다.

· 싱싱한 블랙베리 한 움큼*
· 신선한 민트 이파리 한 움큼*
· 꿀 4분의 1컵
· 레몬 1개 분량에 해당하는 레몬즙
· 물 2분의 1컵
· 탄산수 2컵

* 블랙베리와 민트 이파리는 장식용으로 소량 남겨두길 추천한다.

블랙베리, 민트 이파리, 꿀을 칵테일 셰이커에 넣고 절구 방망이로 잘 으깬다. 셰이커나 방망이가 없으면 재료를 사발에 넣고 적당한 막대기로 으깬 뒤 커다란 유리병에 옮겨 담으면 된다.

레몬즙과 탄산수 1컵을 따른다.

내용물이 골고루 섞이도록 셰이커 뚜껑을 닫고 흔들어 준다.

컵에 얼음을 담고 셰이커에서 음료를 따른다. 이때, 건더기가 흘러나오지 않도록 주의한다. 남은 물과 탄산수를 마저 잔에 붓고 남은 블랙베리와 민트 이파리로 음료를 장식한다.

무침벌이 만든 꿀

멕시코 유카탄반도에 서식하는 무침벌은 유기농 꿀을 생산한다. 무침벌이 만든 꿀은 꿀벌이 만든 꿀보다 색깔이 옅고 수분 함유량이 높다(약 25퍼센트에서 35퍼센트가 물로 이루어져 있다). 무침벌은 꿀벌보다 작은 군집을 이루고 살기 때문에 생산하는 꿀 양도 적다. 꿀벌이 한 해 평균 18킬로그램을 생산하는 동안 무침벌은 겨우 3킬로그램을 생산할 뿐이다.

호주의 무침벌 테트라고눌라가 만든 꿀은 새콤한 감귤 또는 시원한 유칼립투스 향기가 풍긴다. 테트라고눌라는 송진과 밀랍으로 만든 통에 꿀을 저장하는데, 통에 담긴 꿀이 숙성하면서 독특한 향을 가지게 된다. 호주의 또 다른 토종 설탕주머니벌 오스트로플레비아*Austroplebeia*는 송진을 전혀 섞지 않고 밀랍으로만 만든 통에 꿀을 저장한다. 이 때문에 오스트로플레비아가 만든 꿀은 맛이 훨씬 부드럽다. 안타깝게도, 무침벌의 자그마한 꿀통에서 꿀을 꺼내려면 군집을 파괴해야 한다. 꿀벌과 달리 벌통에서 양봉이 불가능하기 때문이다.

환경오염이 꿀에 미치는 영향

환경오염이 꿀에 미치는 영향에 대해서는 아직 깊은 연구가 이루어지지 않았다. 캐나다 밴쿠버에서는 식품 안전성을 확인하기 위한 목적으로 핑거프린팅 기법 등 지구 화학 및 동위 원소 분석 방법을 사용해 도시 내에서 생산된 꿀에 함유된 납, 아연, 구리, 카드뮴 수치를 검사하는 간단한 연구를 실시했다. 다행히 밴쿠버에서 생산된 꿀은 안전하다는 판정이 내려졌다. 또한 디젤 배기가스 배출 등 대기오염은 꿀에 큰 영향을 미치지 않는 것으로 밝혀졌다. 꽃이 꿀을 분비하는 시간 자체가 워낙 짧기도 하고, 꿀샘이 꽃잎 깊숙이 자리하고 있어 공기와의 접촉이 제한적이기 때문이다. 게다가 벌은 혀를 빨대처럼 사용해 꿀을 빨아들인 다음 바로 벌집으로 돌아와 박테리

파란색 꿀?

화밀을 대체할 먹이가 근처에 있으면 벌은 꽃에서 꿀을 따지 않는다. 어느 프랑스 양봉가의 벌통에서 파란색 '꿀'이 나온 사례가 있다. 이미 알고 있겠지만 꽃에서 꿀을 따 먹는 벌은 파란색 꿀을 생산하지 않는다. 사건의 경위는 이러하다. 벌이 꽃을 찾아다니는 대신 프랑스 현지 엠앤엠 초콜릿 공장에서 배출된 폐기물을 먹은 것이다.

아 억제 효과를 지닌 밀랍 저장고에 꿀을 뱉어 낸다.

2017년, 전 세계 꿀의 오염도를 알아보기 위한 연구가 진행됐다. 각 대륙에서 채취한 꿀 샘플을 검사한 결과 소량의 살충제가 검출됐지만 허용되는 최대치에 한참 못 미치는 양으로 밝혀져 인체에는 거의 아무런 해를 미치지 않는다는 결론이 내려졌다.

인류에 빛을 밝혀 준 밀랍

밀랍은 저렴한 파라핀 왁스가 대량생산되기 전까지 수 세기 동안 인류에 빛을 밝혀 줬다. 밀랍 양초는 종교 의식이 진행되는 교회 본당에서 많이 사용됐다. 동물성 기름으로 만든 초에서는 시커멓고 기름진 연기가 피어올랐지만 밀랍으로 만든 양초는 달콤한 향기를 풍기며 깨끗하게 타들어 갔다. 이 때문에 신성한 의식을 치를 때는 밀랍 양초로 불을 밝혔다. 1347년에서 1350년까지 유럽에 페스트가 유행하면서 양봉이 호황을 맞이했다. 전염병으로 인한 사망자가 속출하면서 장례식에 필요한 밀랍 양초의 수요가 증가했기 때문이다. 가톨릭교회가 있는 곳이라면 어디에서나 밀랍 양초를 제작하는 공방을 찾아볼 수 있었다. 100퍼센트 밀랍 양초만을 고집하던 가톨릭교회 교단은 1900년 마침내 다른 재료가 섞인 양초 사용을 허락했다. 이제 인류는 밀랍 없이도 어둠을 몰아낼 수 있지만 코끝에 맴도는 달콤한 밀랍 양초 향기와 노란 불빛은 여전히 따뜻함을 안겨준다.

벌은 물고기 비늘처럼 작은 밀랍 조각을 분비하고, 그 섬세한 밀랍 조각 수천 개를 모아 커다랗고 단단한 벌집을 만들어나간다. 열을 가하면 밀랍은 반고체 상태를 거쳐 액체로 변화한다. 다들 어릴 때 한 번쯤 따뜻하고 말랑한 밀랍 촛농을 가지고 놀아 본 기억이 있을 것이다. 부드럽게 녹아내린 밀랍 촛농을 조몰락거려 모양을 잡아 놓으면 그 모양 그대로 굳는데, 어린 시절에는 그렇게 즐거운 놀이가 없었다.

또한 밀랍은 방수 및 항균 기능이 뛰어나 높은 가치를 인정받아 다양한 용도로 사용된다. 고대 이집트에서는 밀랍으로 시체를 방부처리하고, 관을 밀봉하고, 파라오를 미라로 만들었다. 이뿐 아니라 양피지에 적은 글을 보존하고, 법적 효력을 지닌 문서를 봉인했다. 접착제가 아직 발명되기 전 물건을 붙일 때도 밀랍을 사용했다. 마야인은 무침벌이 밀랍과 송진을 섞어 만든 세루멘이라는 물질을 이용해 화살에 깃털을 붙였다. 그리스 신화에 등장하는 이카로스Icarus는 밀랍과 깃털로 만든 날개를 달고 하늘을 날다 태양에 너무 가까이 다가가는 바람에 밀랍이 녹아 땅으로 추락해 죽고 말았다.

밀랍 만들기

- 태어난 지 12일에서 18일 사이의 일벌은 배 아래쪽에 자리한 분비선에서 좁쌀만 한 밀랍 조각을 분비한다.
- 밀랍 조각 약 50만 개가 있으면 밀랍 450그램을 만들 수 있다.
- 꿀을 4킬로그램 정도 수확하면 벌통에 붙은 벌집 '뚜껑'을 긁어내서 밀랍 450그램을 얻을 수 있다. 특별 제작된 칼을 이용해 뚜껑을 떼어낸 다음 깨끗이 씻어서 뜨거운 물에 담그면 밀랍이 녹아서 액체 상태가 된다. 녹은 밀랍을 고운 천에 걸러 불순물을 제거한 뒤 틀에 부어 차갑게 식혀 굳힌다. 깨끗한 밀랍이 완성되기까지 필요에 따라 체에 거르는 작업을 반복한다.

우리 집 창고에는 아름다운 노란 밀랍 블록이 잔뜩 쌓여 있다. 멀리서 언뜻 보면 둥그런 치즈 덩어리를 쌓아둔 것 같다. 벌이 갓 분비한 밀랍으로 만든 벌집은 눈이 부시게 하얗다. 하지만 송진과 꽃가루가 묻어 얼룩이 지면서 점차 노랗게 변한다. 우리는 밀랍의 부드러운 색깔과 달콤한 꿀과 알싸한 송진과 시원한 삼나무 향이 한데 섞인 독특한 향기를 사랑한다.

쌓아 둔 밀랍은 필요한 사람에게 조금씩 나눠주는데, 이 밀랍으로 보습크림을 만드는 사람도 있고 양초나 비누, 천연 가구 광택제, 가죽 크림을 만드는 사람도 있다. 환경보호를 위해 밀랍으로 랩을 만드는가 하면, 악기 재료가 되는 목재를 문지르거나 그림을 그리는 데 사용하기도 하고 조각이나 보석 세공에 밀랍을 쓰기도 한다. 실제로 수천 년 전부터 예술 활동에 밀랍을 활용한 흔적이 있다. 호주에서는 송진과 밀랍을 섞어 그린 암벽화가 발견됐다. 인간과 동물의 모습을 기록한 암벽화는 약 4천 년 전 그려진 것으로 추정된다. 또한 호주 원주민은 무침벌이 분비한 밀랍과 송진을 섞어 디제리두(호주 원주민의 전통 목관 악기 - 옮긴이 주)에 끼우는 마우스피스를 제작했다.

고대 문명인이 상처를 치료하고 외모를 가꾸고 노화를 방지하는 데 밀랍을 사용했다는 기록에서 짐작할 수 있듯, 인류는 아주 오래전부터 밀랍이 신체에 이롭다는 사실을 잘 알고 있었다. 오늘날 전 세계 밀랍의 상당수가 중국, 인도, 에티오피아(전통 꿀술 테즈를 빚고 나면 꽤 많은 밀랍이 부산물로 나온다)에서 생산된다. 밀랍은 화장품 원료로도 폭넓게 사용된다. 로션에 섞으면 천연 유화제 역할을 해 점성을 높이고, 립스틱을 만들면 광택이 더해진다. 콧수염과 턱수염을 스타일링 하는 제품에도 밀랍이 들어간다. 또한 제약 산업에서는 연고를 제조하고 알약이나 좌약을 코팅하는 데 밀랍을 사용한다.

벌 테라피

벌집은 인류의 구급상자이자 미용도구함이라 할 수 있다. 벌집 안에는 우리의 건강을 돌보고 외모를 가꾸는 데 도움이 되는 온갖 천연 재료가 들어 있기 때문이다. 인간은 신체를 치유하는 데 벌집의 이모저모를 사용한다. 우리는 이를 벌 테라피라고 부른다.

프로폴리스는 색깔이 짙고 끈적끈적한 나무 분비물로, 벌은 벌집을 무균상태로 유지하기 위해 프로폴리스를 모은다. 프로폴리스는 소독, 항균, 살균 효과가 뛰어난 덕분에 충치와 잇몸병을 치료하는 데 널리 사용됐다. 오늘날에는 치약과 습진 연고를 만들 때 프로폴리스를 첨가한다.

꽃가루 알갱이에는 엽산과 비타민B 복합체를 포함한 단백질, 아미노산, 비타민이 풍부해 음식에 뿌려서 섭취하면 건강 증진에 도움이 된다.

로열젤리는 일벌이 유충에 먹이를 먹일 때 타선과 포육선에서 분비되는 크림 제형의 물질로, 단백질이 풍부한 로열젤리를 먹고 자란 유충은 여왕벌로 성장한다. 로열젤리는 젊음의 영약이라는 별명으로도 불린다. 로열젤리가 함유된 크림을 바르면 탄력 있는 피부를 가꾸는 데 효과가 있다고 한다. 로열젤리의 효능은 소설 『셜록 홈스』에도 소개됐다. 셜록 홈스는 탐정을 은퇴한 후 작은 시골 마을 서식스 다운스에서 양봉을 하며 여생을 보내는데, 벌을 치며 연구를 하던 홈스는 로열젤리의 효능을 발견하고 이 놀라운 물질의 열렬한 지지자가 된다. 오늘날에는 인공적으로 조성한 플라스틱 왕대(여왕벌 애벌레가 자라는 방)에 일벌 유충 수백만 마리를 넣어서 키우는 등 로열젤리를 상업적 용도로 생산하기 위해 다양한 방법을 시도하고 있다.

인간의 건강과 안녕도 중요하지만, 위에서 이야기한 모든 물질이 꿀벌 군락의 생존을 결정한다는 사실을 잊어서는 안 된다. 무슨 일이 있어도 꿀벌의 필요가 인간의 허영과 욕구보다 우선시돼야 한다.

다양한 모양의 벌통

1850년대까지는 바구니에 서양양봉꿀벌을 키웠다. 버드나무나 개암나무로 알베어리라고 불리는 바구니를 짜서 소똥과 재, 석회를 섞어 발라 방수처리를 하거나 짚을 엮어서 스켑이라는 바구니를 만들어 그 안에 벌을 쳤는데, 꿀벌이 비를 피할 수 있도록 벽을 우묵하게 파서 벌 바구니를 넣어 두는 경우가 많았다. 아직까지도 17세기에서 18세기에 지어진 영국과 아일랜드 시골집에는 양봉의 흔적이 남아 있다. 바구니 양봉에는 큰 문제가 하나 있었다. 늦여름, 꿀을 수확할 시기가 되면 꿀벌 군집을 모두 죽여야 한다는 것이었다.

다행히 19세기 중반 벌통이 개발되면서 꿀벌을 죽이지 않고도 꿀 수확이 가능해졌다. 간단히 설명하자면 벌통은 커다란 나무상자인데, 내부에 수직으로 벌판을 여러 장 끼워 꿀벌이 밀랍으로 벌집을 지을 수 있게 만들었다. 벌판을 들어내면 꿀벌 군집을 해치지 않고 꿀을 수확할 수 있다. 미국의 로렌조 로레인 랭스트로스Lorenzo Lorraine Langstroth 목사가 최초로 벌통을 발명해 특허를 출원했다. 랭스트로스 목사는 빈 샴페인 상자를 첫 벌통으로 삼았다고 알려져 있다. 상징적인 의미를 지닌 목사의 벌통은 미국에서 여전히 인기 있으며, 영국 국가 표준 벌통 및 프랑스 데당(프랑스계 미국인 샤를 데당Charles Dadant의 이름을 따서 붙여진 명칭) 등 전 세계에서 랭스트로스 목사의 벌통을 조금씩 변형해서 사용한다. 상자는 두 가지 깊이로 제작된다. 깊이가 깊은 번식 상자에는 여왕벌과 여왕벌이 낳은 유충이 살고 번식 상자 위에 놓인 얕은 수페르(라틴어로 '위'라는 뜻)에는 꿀벌이 따 온 꿀이 저장돼 있다. 여름 동안 벌이 저장하는 꿀 양이 늘어나면 꿀 상자를 추가로 쌓아 올린다. 이는 벌집이 아래위로 덩치를 키우는 이유이기도 하다.

마음속으로 벌통을 그려보라고 하면 그림같이 예쁜 시골 정원 한구석, 살짝 기울어진 벽면에 경사진 지붕을 올려 둔 새하얀 구조물을 떠올리는 사람이 많다. 영국의 아마추어 양봉가 윌리엄 브러튼 카William Broughton Carr 덕분이다. 카는 20세기에 접어들 무렵 이 아름다운 벌집을 구상해 냈다.

일반적으로 벌통에는 분리형 벌판이 들어간다. 밀랍으로 틀을 잡아 균일하게 만든 벌판의 양면은 벌방을 흉내 낸 육각형 구멍으로 이루어져 있다. 벌은 육각형 구멍에 밀랍을 덧대 벌방의 벽을 세우고 입체감을 더한다. 영국 국가 표준 벌통에 들어가는 벌판 한 장은 벌방 7천500개로 구성돼 있다.

톱 바 형태 벌통에는 별도의 벌판이 없어 이 벌통을 보금자리로 삼은 꿀벌은 직접 수직으로 벌집을 지어야 한다. 아프리카 양봉가들이 주로 톱 바 벌통을 선호하는데, 현지에서 쉽게 구할 수 있는 저렴한 재료로 간단하게 제작할 수 있기 때문이다. 물론 아프리카 밖에서도 톱 바 벌통을 종종 찾아볼 수 있다. 아름다운 곡선을 이루는 밀랍 벌판은 관리하기 까다롭고, 꿀 수확을 위해 벌판을 벌통 밖으로 꺼내기 어렵긴 하지만 취미로 양봉을 하는 사람들은 보통 톱 바 벌통에 벌을 친다.

2015년, 호주 양봉가 두 명이 수도꼭지처럼 생긴 마개가 달린 새로운 형태의 벌통을 발명했다. 꼭지를 돌려 오크통에 담아 놓은 맥주를 따라내듯, 마개를 돌리면 벌통에서 흘러나오는 꿀을 받을 수 있다. 그 자리에서 바로 꿀을 따라낼 수 있는 벌통이 소개되자 다들 굉장한 관심을 보였다. 원리는 이렇다. 꿀벌은 플라스틱 벌판 위에 밀랍을 분비해 벌방을 만든 다음 방을 꿀로 가득 채우고 밀랍으로 마개를 씌운다. 벌통에 달린 마개를 돌려서 열면 벌방이 부서지면서 육각형 벌방을 타고 꿀이 아래로 흘러 내려온다. 마개 밑에 놔둔 유리병에 꿀이 가

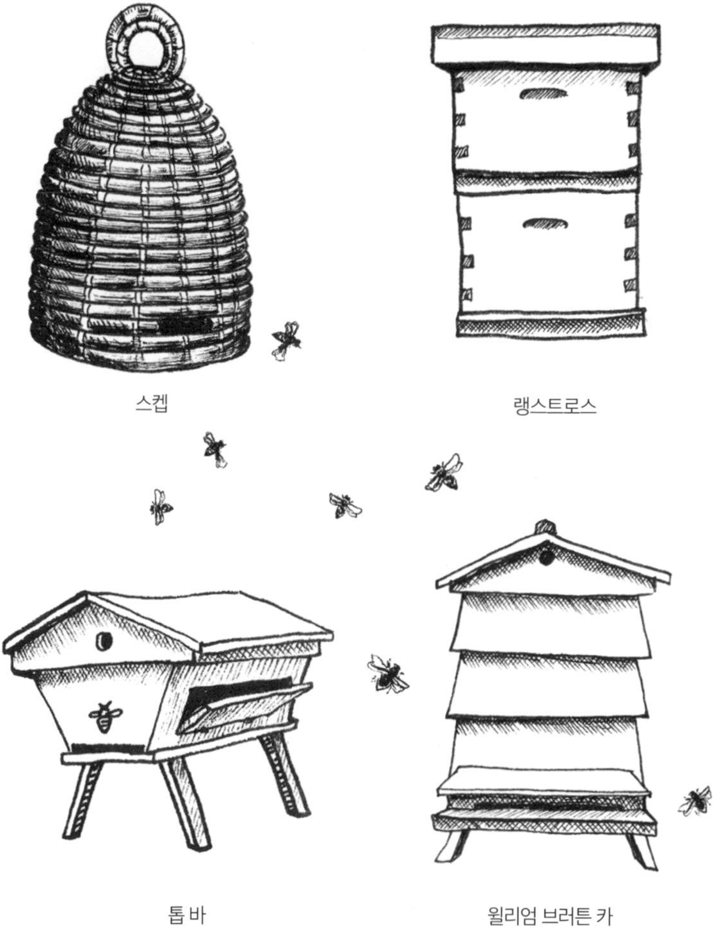

다양한 모양의 벌통

득 차면 마개를 다시 돌려 벌집을 원래 모양대로 되돌린다.

기나긴 양봉의 역사가 흐르는 동안 양봉가들은 뛰어난 발명 정신을 발휘해 양봉을 발전시켜 왔다. 하지만 진보는 쉽게 이루어지지 않았다. 이들은 인내심을 가지고 자연을 관찰하며 벌의 생태를 이해하기 위해 끊임없이 노력했다. 덕분에 양봉 기술과 지식을 얻을 수 있었다.

자연과 소통하기

우리는 첫 꿀벌 군집을 집으로 데려오면서 우리도 모르는 사이 자연과 소통할 방법을 찾고 있었다. 일단 임시로 만든 상자 안에 일벌 1만 마리와 여왕벌 한 마리를 넣어서 집으로 돌아왔다. 삼나무로 만든 영국 국가 표준 벌통에 군집을 옮기기로 했다. 이 벌통이 군집의 새집이 돼 줄 것이다.

우리는 작은 꿀벌 군집이 담긴 상자를 벌통 위로 기울여 바닥을 부드럽게 통통 쳤다. 몇 번 안 돼 대부분이 커다란 새집으로 옮겨 갔다. 이 정도면 군집이 거의 다 이동했다는 생각이 들 때쯤 벌통에 뚜껑을 덮고 벌통 바닥에 난 작은 입구 근처에 상자를 내려뒀다.

낙오된 꿀벌 몇 마리는 천천히 상자에서 나와 벌통 입구를

허니 머스터드 드레싱 만들기

허니 머스터드 드레싱은 맛있는데다가 만들기도 쉽다. 뜨거운 머스터드에 꿀로 달콤함을 더하고, 식초로 알싸함을 첨가하면 어떤 샐러드에 곁들여도 잘 어울리는 진한 드레싱이 완성된다. 치킨을 양념에 재우거나 구운 채소에 부어 먹어도 좋다.

· 가볍게 흘러내리는 꿀 1큰술

· 디종 머스터드 1큰술(홀 그레인 머스터드도 괜찮다)

· 발사믹 식초 1큰술

· 다진 마늘 한 쪽

· 소금 한 꼬집, 신선한 후추 한 꼬집

· 올리브유 4큰술

올리브유를 제외한 재료를 유리병에 넣고 골고루 섞는다.

마지막으로 올리브유를 넣고 유리병을 꼭 닫아 잘 흔들어 준다.

완성된 드레싱은 서늘한 식품 저장고에 보관한다. 사용 전 잘 섞어준다.

찾아갔다. 어두컴컴한 벌통 안으로 벌이 사라지는 광경에서 눈을 뗄 수가 없었다.

가까이에서 꿀벌을 관찰하는 날들이 이어졌다. 가만히 서서 날갯짓만 하는 벌이 있는가 하면, 벌통 바깥에 붙어 느릿느릿 기어 다니는 벌도 있었고, 크게 원을 그리며 우리 머리 위를 맴도는 벌도 있었다. 이 낯선 곤충은 직접 만지고, 살피고, 냄새를 맡으며 새로운 집과 새로운 환경에 익숙해지는 중이었다.

입구 근처에 가만히 선 벌은 끝이 구부러진 자그마한 발로 벌통을 꽉 잡고 거세게 날개를 붕붕댔다. 이 벌은 배 뒤쪽에 자리한 나소노프샘에서 분비되는 향기가 공기를 타고 퍼지도록 세차게 날갯짓을 했다. 입구의 위치를 알려주기 위해서였다. 이 날갯짓에는 '이쪽으로 오면 집이 있어'라는 메시지가 담겨 있었다.

벌통 바깥을 기어 다니는 벌도 나름의 역할을 하는 중이었다. 이 벌은 다른 군집에 속한 벌이 벌통에 들어오지 않도록 발에서 분비되는 페로몬으로 흔적을 남기고 있었다. 일반적으로 꿀벌 군집은 서로의 영역을 침범하지 않는다. 각 군집은 침입자로부터 자신의 영역을 보호한다.

꿀벌을 데리고 집으로 온 첫날, 우리는 가만히 군집의 움직임을 관찰하며 새로운 세상을 눈에 담았다. 나무, 풀, 곤충으로 이루어진 세상은 우리가 살아온 자연의 과거이자 현재이자 미래였다. 하지만 당시에는 이런 사실을 깨닫지 못했다.

최근 들어 자연을 가까이하고 싶다는 마음으로 도시에서 취미로 양봉을 하는 사람이 늘어나고 있다. 벌을 치는 사람이

생명애

퓰리처상을 수상한 생물학자 에드워드 오스본 윌슨Edward Osborne Wilson이 이야기하길, 인간은 유전적으로 자연 친화적인 성향을 타고났다. 윌슨은 이를 생명애biophilia라고 불렀다. 하지만 매일 사무실이나 공장처럼 인위적으로 조성된 환경에서 근무하다 보면 계절이 어떻게 흘러가는지, 밖에 날씨가 어떤지조차 모르고 넘어갈 때가 많으니 생명애가 사그라지며 정신적, 정서적 불안을 느낀다. 『자연에서 멀어진 아이들Last Child in the Woods』의 저자 리처드 루브Richard Louv는 자연을 충분히 접하지 못한 아이들이 겪는 불안 증상에 '자연 결핍 장애'라는 명칭을 붙였다.

많아지는 이유는 이뿐만이 아니다. 농촌에서 살충제 사용이 증가하고 야생 꽃밭이 점차 줄어들면서(192페이지 참고) 벌이 시골을 떠나 도시에 터를 잡기 시작했다. 도시 곳곳에 자리한 정원과 공원, 녹지를 조성한 옥상, 길가에 늘어선 가로수는 1년 내내 벌에게 풍부한 먹거리를 제공해 준다.

양봉가의 길을 선택한 계기야 뭐가 됐든 훌륭한 양봉가가 되는 핵심은 같다. 이 복잡 미묘한 군집을 이루고 사는 곤충의 생태를 이해하면 된다. 이 책은 양봉가를 위한 안내서가 아니다. 양봉을 배울 방법이야 다양하겠지만 개인적으로 집 근처에 있는 양봉 협회에 가입해 초보 양봉가를 대상으로 한 강좌를 수료하고 적어도 몇 개월 정도 경험이 있는 양봉가는 어떻게 벌을 치는지 관찰한 다음 꿀벌 군집을 입양하길 추천한다. 여러분이 생각하는 것보다 양봉에 훨씬 더 많은 시간을 투자해야 할 수도 있고, 미리 생각해둔 장소가 벌통을 놓기에 적합하지 않을 수도 있고, 벌침에 심각한 알레르기 증상을 보일 수도 있다. 만약 그렇다고 해도 너무 상심하지 않아도 된다. 마지막 장에서 더 자세히 이야기하겠지만 꼭 벌통을 놓고 벌을 치지 않아도 위기에 처한 벌을 도와줄 방법은 많다. 무분별한 도시 개발로 인해 야생 단생벌과 뒤영벌이 서식지를 잃은 채 헤매고 있다. 우리의 작은 손길이 수많은 생명을 구할 수 있다(226페이지 참고).

도시의 뒤영벌

코끼리와 벌

켈트족 민화에는 6세기 아일랜드 수녀 성 고브니트가 스켑(짚을 엮어 만든 바구니 모양 벌집)을 던져 수녀원 부지에 몰래 숨어들어 소 떼를 훔치려는 도둑을 쫓아냈다는 유명한 이야기가 전해져 내려온다. 2008년, 세이브더엘리펀트Save the Elephants라는 봉사단체는 케냐의 작은 마을에 숨어들어 농작물을 훔쳐 먹는 도둑을 쫓아내기 위해 성 고브니트 수녀의 지혜를 빌렸다. 문제는 케냐의 농작물 도둑이 사람이 아닌 코끼리였다는 데 있다. 마을 사람들은 힘들게 키운 작물을 먹어 치우는 코끼리를 총으로 쏴 죽였다. 인간과 코끼리의 안타까운 갈등을 어떻게 해결할까 고민하던 세이브더엘리펀트의 루시 킹Lucy King은 기발한 의견을 제안했다. 코끼리가 밭에 접근할 수 없도록 벌을 치자는 아이디어였다. 코끼리는 꿀벌을 무서워한다. 꿀벌이 코끼리에게 위협을 느끼면 꿀벌은 코끼리의 약한 부분인 눈에 침을 쏠 것이다. 이 사실을 떠올린 세이브더엘리펀트는 밭 둘레에 철사로 울타리를 세우고 벌집을 매달아 코끼리가 농작물에 접근할 수 없도록 했다. 코끼리가 울타리를 넘으려다 철사를 건드리자 침입자의 위협에 화가 난 꿀벌이 벌집에서 쏟아져 나와 무자비하게 공격을 쏟아 부었다. 예상치 못한 봉변에 깜짝 놀란 코끼리는 두 번 다시 텃밭 근처에도 얼씬하지 않았다. 벌집 울타리는 코끼리의 접근을 막았을 뿐만 아니라 농작물의 꽃가루를 옮겨 수확량을 늘렸다. 게다가 마을 사람들은 벌을 치고 얻은 꿀을 팔아 추가 수입까지 얻었다. 농작물을 훔치려다 총에 맞아 죽는 코끼리도 사라졌다. 코끼리와 꿀벌 프로젝트는 뛰어난 공로를 인정받아 상을 수상했다. 오늘날 아프리카는 물론 인도와 네팔에서도 벌집 울타리를 세워 마을 텃밭을 사수하고 있다.

코끼리를 막아 세우는 벌집 울타리

벌과 인간 사회

인간은 꿀벌이 생산한 꿀과 밀랍만큼이나 꿀벌 군집의 사회성과 근면함에 매료됐다. 꿀벌 군집은 사회와 경제가 어떻게 관리돼야 하는지, 또 어떻게 관리될 수 있는지 보여주는 한편 봉건적 위계질서와 인간의 욕망을 자극하는 자본주의부터 사회주의 유토피아, 전체주의 디스토피아까지 한 시대의 정치적 상황을 평가하는 데 언급됐다. 벌 외에 다른 어떤 생물도 이런 논의를 불러일으킨 적이 없다.

1586년까지만 해도 여왕벌이 아닌 왕벌이 군집을 통치한다고 여겨졌다. 알을 낳는 여왕벌이 모든 권위를 지닌다는 사실이 알려진 후, 1609년 찰스 버틀러Charles Butler는 『여성군주제와 벌의 역사The Feminine Monarchie, or the History of Bees』라는 책을 출간해 엘리자베스 1세Elizabeth I의 통치를 기렸다.

그로부터 약 1세기가 지난 1714년, 버나드 드 맨더빌Bernard de Man'deville은 자유방임적 자본주의의 청사진으로 불리는 『꿀벌 우화Fable of the Bees』를 세상에 선보였다. 프랑스의 계몽주의 사상가들은 벌 군집을 예로 들며 절대 군주제를 반대하고 나섰다. 일례로 장 밥티스트 시몬Jean-Baptiste Simon은 1740년 자신이 저술한 혁명적 책에 『벌 공화국The Republic of Bees』이라는 제목을 붙였다. 18세기, 프랑스 공화국은 벌집을 나타내는 육각형을 상징으로 채택했다. 하지만 얼마 안 가 나폴레옹Napoleon이 왕관을 머리에 쓰고 황금색 벌을 수놓은 가운을 몸에 두르면서 벌은 독재의 상징으로 변질됐다.

유럽에서 미국으로 넘어온 꿀벌은 독립투쟁을 의미했다. 1879년 미국의 동식물 연구가 존 버러우스John Burroughs가 쓴 에세이를 인용하자면 꿀벌은 정착민의 정신을 대표한다. "꿀벌은 건축 기술이 뛰어나고 성실하고 정갈하고 계획적이라는 점에서 백인 남성과 공통점을 지닌다. 무엇보다 이들은 검소하고 열정적이다. 위대한 야망을 품은 꿀벌은 미래를 위해 차곡차곡 식량을 저장한다." 모르몬교의 본고장인 유타주에서는 여전히 벌집을 상징으로 사용하고 있다.

1862년, 영국 최초로 노동조합의 후원을 받은 신문 『비하이브Bee-Hive』가 인쇄됐다. 이후 『비하이브』는 국제 노동자 동맹

International Working Men's Association의 공식 언론으로 채택됐다. 하지만 빅토리아 시대 영국에서 벌집은 단순히 열심히 일하는 노동자를 나타내는 동시에 사회 질서의 무비판적 수용을 의미했다. 영국 산업혁명의 중심지 맨체스터에서는 이런 분위기가 특히 짙어서 신新고딕 양식으로 지어진 맨체스터의 시청 바닥에는 노동계급을 의미하는 벌 모양 모자이크 타일이 깔려 있다. 오늘날 벌은 맨체스터에서 시작된 산업혁명을 상징하는 동시에 2017년 벌어진 테러에 맞선 불굴의 정신을 상징한다.

완벽한 정육각형으로 이루어진 벌집은 현대 건축 디자인을 비롯한 여러 가지 방면에서 인간에게 영감을 불어넣었다. 스페인을 대표하는 건축가 안토니오 가우디Antonio Gaudi와 바우하우스 운동을 주도한 미스 반 데어 로에Mies van der Rohe, 미국의 프랭크 로이드 라이트Frank Lloyd Wright, 스위스 태생 프랑스 건축가 르 코르뷔지에Le Corbusier 등 많은 건축가가 벌집을 보고 작품을 구상했다고 한다.

인간이 벌에게 얻을 수 있는 교훈은 벌집뿐만이 아니다. 야생벌의 수분 활동은 자연과 조화를 이루며 사는 삶의 중요성을 알려준다. 불교 경전에서도 이야기하지만 벌은 자연의 아름다움과 생명의 근원을 해치지 않고 생존에 필요한 부분만을 취한다. 우리는 벌에게 주변 생물을 존중하고 배려하는 삶의 방식을 배워야 한다.

자연이 낳은 수분 전문가

과일, 채소, 씨앗, 견과류, 허브, 향신료, 여러 가지 기름 등 인간이 섭취하는 음식의 약 3분의 1이 벌 덕분에 싹을 틔웠다. 이처럼 벌은 인간의 영양분 섭취에 상당한 영향을 미치고 있다. 벌이 없었다면 향긋한 커피를 지금처럼 마음껏 마시지도 못했을 것이다. 이뿐 아니라 벌의 수분受粉 활동으로 자란 식물은 가축의 사료가 돼 인간에게 고기와 유제품을 제공한다. 자연이 낳은 수분 전문가가 베푸는 아량은 음식에 국한되지 않는다. 우리는 벌 덕분에 아스피린이나 모르핀처럼 식물을 원재료로 약을 만들고, 면과 리넨으로 옷을 지어 입고, 건축에 필요한 목재를 얻고, 나무가 뿜는 신선한 공기를 마실 수 있다. 전적으로 벌의 수분 활동에만 의존하는 과일과 씨앗도 있다.

하지만 대부분의 경우 식물이 꽃가루를 퍼뜨리는 데 벌이 관여하면 수확량이 약 75퍼센트 증가하고, 작물의 크기와 모양이 개선되는데다가, 상업적으로 생산되는 90가지 과채의 당도가 높아지고 유통기한이 길어진다.

벌의 수분 활동은 1년에 5천770억 달러에 달하는 가치를 지닌다고 추산된다. 수분 활동을 하는 곤충은 많지만 어떤 곤충도 벌만큼 활발하게 식물의 유전자를 퍼뜨리지는 않는다. 오늘날에는 양봉장에서 키우는 꿀벌이 곤충에 의한 수분 활동의 80퍼센트를 책임지고 있지만 지난 수천 년 동안은 2만 5천여 종에 이르는 야생벌이 벌집 근처에서 자라는 작물과 식물의 꽃가루를 옮겨 왔다.

유럽에서 식민지 개척을 목적으로 바다를 건너기 전까지 아메리카와 오세아니아 대륙에는 꿀벌이 없었다. 아메리카 원주민은 꿀벌을 '백인이 가지고 온 파리'라고 불렀다. 유럽인은 배에 싣고 온 과일나무 씨앗과 클로버로 미국에 과수원과 목초지를 만들고 꿀벌을 키웠다. 훗날 미국의 저명한 시인 에밀리 디킨슨Emily Dickinson은 이런 글을 남겼다. "클로버 하나와 꿀벌 한 마리만 있으면 평원을 만들 수 있다."

유럽 식민주의자가 꿀벌을 들고 건너오기 전, 아메리카 대륙과 오세아니아 대륙에는 수많은 야생 단생벌이 살고 있었다. 토착 원주민은 벌이 식물의 생육에 중요한 역할을 한다는 사실을 이미 잘 알고 있었지만 얼마 전까지만 해도 벌이 세운 공로를 모르는 사람이 훨씬 더 많았다.

예를 들어 유타주의 농부는 1940년대에 들어서기 전까지 토종벌의 수분 활동이 알팔파 수확에 큰 영향을 미친다는 사실을 몰랐고, 알팔파 수확을 늘리겠다는 생각으로 땅을 개간하고 농약을 쳤다. 결과는 처참했다. 열심히 꽃가루를 옮기던 야생 알칼리벌(노미아 멜란데리*Nomia melanderi*)이 서식지를 잃고 농약에 중독돼 죽는 바람에 알팔파 수확량은 오히려 급감했다.

전 세계적으로 농업이 현대화되면서 꿀벌을 싣고 이곳저곳을 누비며 수분 활동을 유도하는 트럭이 많아졌다. 밭이 넓어지는 만큼 야생벌 서식지는 줄어들었고, 음식과 보금자리를 빼앗긴 야생벌 개체 수가 감소하며 자연스러운 방법으로는 더 이상 수분이 불가능해졌기 때문이다. 캘리포니아주 센트럴밸리 사례를 보면 이런 변화를 체감할 수 있다. 전 세계 아몬드 소비량의 82퍼센트가 센트럴밸리에서 재배된다. 650킬로미터가 넘게 줄지어 늘어선 아몬드나무가 4천 제곱킬로미터가 넘는 넓은 평원을 차지하고 있다. 2월 중순이 되면 아몬드나무는 꽃을 피우는데, 헤아릴 수 없이 많은 아몬드나무가 열매를 맺으려면 벌 수십억 마리가 필요하다. 3주가 지나면 꽃은 모조리 떨어지고 마는데 주변이 온통 아몬드나무뿐이니 그만큼 많은 야생벌이 있을 리가 없다. 캘리포니아의 아몬드나무가 꽃을 피우는 시기가 되면 미국 전역에서 벌통 200만 개를 실은 트럭이 센트럴밸리로 향한다. 그야말로 꿀벌 대이동이라 할 수 있다.

농업이 산업화되면서 수분 과정 또한 산업화됐다. 매년 2월이 되면 짐칸에 벌통 500개를 높게 쌓아 올려 끈으로 단단히 고정한 트럭 4천여 대가 캘리포니아에 도착한다. 심지어 머나먼 플로리다에서 온 트럭도 있다. 22일 동안 아몬드나무 수분이 끝나면 트럭은 다시 벌통을 싣고 워싱턴주로 떠나 사과나무 수분 작업을 시작한다. 그 뒤에는 북동부로 향해 크랜베리, 호박, 블루베리 씨앗을 퍼뜨린다. 꿀벌보다 토종 야생벌이 농작물 수분에 훨씬 효과적이지만 달리 선택지가 없다.

북아메리카에 서식하는 푸른과수원가위벌은 다양한 종류의 과일나무를 수분하는 데 효율이 높기로 유명하다. 유럽 토종종인 과수원가위벌(오스미아 코르누타*Osmia cornuta*), 붉은가위벌 또한 씨 없는 작은 과일이나 기름을 짤 수 있는 식물, 과일나무 꽃가루를 퍼뜨리는 데 큰 도움이 된다. 일본 토종벌 390종 가운데 머리뿔가위벌(오스미아 코르니프론스*Osmia cornifrons*)은 꿀벌보다 80배 높은 효율로 사과나무를 수분한다고 밝혀졌다. 실제로 머리뿔가위벌은 일본 사과나무 수분의 70퍼센트를 책임지고 있다.

가위벌은 줄기나 꽃잎을 거치지 않고 과일나무 꽃의 생식 구조에 바로 내려앉는다. 꽃가루솔에 꽃가루를 잔뜩 묻히면서 꿀을 따 먹은 가위벌은 다른 꽃으로 날아가 암술머리에 꽃가루를 옮기며 배를 마저 채운다. 가위벌이 과일나무 수분에 효율적인 이유가 바로 여기에 있다.

일본 토종종인 솜털발줄벌(앤소포라 필리페스*Anthophora pilipes*)은 미국으로 수출될 정도로 블루베리 수분에 큰 도움이 된다. 북아메리카 호박벌(페포나피스 프루이노사*Peponapis pruinosa*)은 애호박, 호박, 서양호박 수분에 특화됐다. 추운 날씨를 잘 견디는데다가 해가 뜨기 전 이른 새벽에 주로 활동하기 때문이다. 기다란 호박꽃은 어둠 속에서 꽃을 피우는데, 호박벌은 다른 벌이 잠에서 깨기 전 일찍 집을 나서 꽃가루와 꿀을 독식한다.

싸움꾼으로 악명이 자자한 북아메리카 해바라기가위벌(메가칠레 푸그나타*Megachile pugnata*) 또한 호박벌 못지않게 이른 시간에 먹이를 찾아 나선다. 이름에서 짐작했겠지만, 해바라기가위벌은 해바라기의 종족 유지에 중요한 역할을 한다. 해바라기가위벌이 부지런히 움직여준 덕분에 우리는 해바라기 씨앗과 해바라기 기름을 얻을 수 있다.

농작물 수분에 토종 야생벌을 이용하는 경우도 늘고 있다. 과수원 한구석이나 알팔파밭 근처에다가 지하에 집을 짓고 사는 벌을 위한 서식지를 따로 조성하거나 '벌 호텔(228페이지 참고)'을 만들어 작은 구멍을 파고드는 가위벌을 불러들이는 농

호박벌

부도 있다. 1930년대에 처음으로 미국에 수입된 유럽 토종벌은 종자 생산 3배 증가라는 놀라운 결과를 가져왔다. 오늘날 전 세계 농작물 생산량 3분의 2가 유럽 토종벌의 작품이라고 한다. 하루에 천 송이가 넘는 알팔파 꽃을 방문한다고 알려진 알팔파가위벌은 다른 벌과 달리 꽃 가장 아래쪽에 붙은 꽃잎, 즉 용골판에 부딪혀도 전혀 개의치 않는다. 용골판은 꿀과 꽃가루를 모으기 위해 꽃잎을 비집고 들어가는 벌을 후려친다.

이렇듯 작물을 퍼뜨리는 데 꿀벌보다 단생벌이 훨씬 효과적이지만 꿀벌에 비해 번식 속도가 무척 느린데다가 개체 수도 적은 편이라 상업적으로 사용하기에는 무리가 많다고 여겨진다. 농부에게 단생벌은 꿀벌 군집에 문제가 생겼을 때 차선으로 선택할 수 있는 보험일 뿐이다.

수분을 위해 전문적으로 사육되는 벌은 꿀벌만이 아니다. 진동수분을 하는 서양뒤영벌 또한 꿀벌 못지않게 농부의 사랑을 받고 있다. 네덜란드와 벨기에는 매년 서양뒤영벌 수백만 마리를 전 세계로 수출하는데, 이 벌들에 의해 온실에 경작하는 토마토, 가지, 서양호박, 후추, 피망이 수분된다. 북아메리카에서는 비슷한 방식으로 토종 동부뒤영벌을 대량생산한다. 이외에도 남동부블루베리벌(하브로프다 라보리오사*Habropda laboriosa*)과 목화 경작에 주로 사용되는 어리호박벌을 포함한 토종벌 또한 진동수분을 한다.

진동수분

뒤영벌, 어리호박벌, 꽃벌은 다른 벌에게는 없는 특별한 재주를 가지고 있다. 바로 진동수분이다. 수많은 과일과 채소 가운데 토마토, 가지, 후추는 진동수분을 필요로 하는 대표적인 작물이다.

앞에서 이야기한 식물에 내려앉은 뒤영벌은 온몸으로 꽃밥을 감싼다. 그리고 날개를 움직이지 않고 비행 근육을 이용해 진동을 일으킨다. 꽃밥에서 꽃가루를 털어내서 몸통에 묻히는 벌 가까이 다가가면 붕붕거리는 소리를 들을 수 있다. 이는 진동수분이 붕붕수분이라는 별명으로 불리는 이유이기도 하다.

호주에서는 마카다미아, 망고, 수박 수분에 트리고나속으로 분류되는 무침벌을 사용한다. 중남미에서는 커피, 아보카도, 코코넛, 토마토 등 농작물 생산에 무침벌을 상업적으로 활용하는 방안을 모색하고 있다.

남아시아에서는 주로 대량생산한 재래꿀벌을 밭에 풀어 수분 활동을 유도한다. 하지만 야생 거인꿀벌 또한 목화, 망고, 코코넛, 커피 꽃가루를 퍼뜨리는 데 일조하고 있으며, 농부들은 현지에 서식하는 무침벌을 현대 농업에 접목하는 방법을 검토하고 있다. 중국은 세계 최대 벌 수출국 중 하나로 손꼽힌다. 수분을 목적으로 사육되는 꿀벌은 물론 야생 꿀벌까지 대부분의 꿀벌 종이 중국에 서식할 뿐 아니라, 뒤영벌과 단생벌 또한 워낙 다양하기 때문이다. 실제로 전 세계 250여 종에 달하는 뒤영벌의 20퍼센트 이상이 간쑤성과 쓰촨성에 서식한다.

현재 중국은 약 800만 개에 달하는 벌통을 보유하고 있다(이는 미국의 최소 4배에 이르는 엄청난 양이다). 그중 대략 500만 개가 토종 재래꿀벌이고, 나머지 300만 개가 1896년 처음으로 중국에 유입된 서양꿀벌이다. 하지만 중국에서는 미국이나 유럽에서처럼 수분을 위해 트럭에 벌통을 싣고 전국의 과수원과 농장을 돌아다니는 진풍경은 펼쳐지지 않는다. 중국 농부들은 오래전부터 야생벌에게 수분을 맡겨 왔다.

야생 난쟁이꿀벌과 거인꿀벌 종은 중국에서만 발견되는 특별한 무침벌, 뒤영벌, 단생벌 종과 더불어 꽃가루 운반에 중요한 역할을 한다. 하지만 넓디넓은 중국 땅에 서식하는 야생벌을 주제로 한 연구가 부족한 탓에 이들의 생태에 관해서는 알려진 바가 많지 않다. 그나마 몇 안 되는 연구는 중국 일부 지역의 야생벌 개체 감소가 위험한 수준에 이르렀다고 경고한다. 심지어 농약 남용으로 야생벌이 완전히 자취를 감춘 지역도 있다.

쓰촨성의 어느 마을에서는 1980년대부터 야생벌이 완전히 사라져 농부가 직접 하나하나 과일을 수분시키고 있다. 벌이 있었다면 훨씬 편하고 효율적으로 할 수 있는 일을 인간이 힘들게 이어가는 셈이다.

인간과 가축이 먹는 음식의 수분을 책임지는 벌이 없었더라면 인류는 오늘날까지 생존할 수 없었을 것이다. 하지만 인간의 욕심으로 인해 벌이 생존에 위협을 받고 있다. 그리고 벌이 사라지면 인간도 지금과 같은 삶을 살 수는 없을 것이다. 벌은 현대 사회의 탄광 속 카나리아로, 오늘도 인간에게 경고 신호를 보내고 있다.

세 번째 장

벌과 위기

위기에 처한 벌

오늘날 야생벌은 다양한 외부 위협에 노출돼 있다. 무분별한 농경지 개간, 도시 확장, 독성 살충제 유포가 지난 70년 동안 이어져 수많은 벌이 서식지를 잃었다. 이뿐 아니라 언제 기생충과 질병을 옮길지 모르는 침입종과 빠른 속도로 진행되는 기후 변화는 벌의 생존을 위협하고 있다.

유럽 전역에 서식하는 뒤영벌 68종의 24퍼센트가 멸종 위기에 처했다. 거의 4분의 1이 언제 사라져도 이상하지 않은 상태라는 뜻이다. 게다가 멸종 위기까지는 아니더라도 개체 수 감소가 관찰된 종이 절반에 달한다. 컬럼뒤영벌(봄버스 컬러마누스*Bombus cullumanus*)은 특히 위험한 상황에 처해 있다. 영국 서퍽 출신 자연사학자 토마스 컬럼Thomas Cullum 경의 이름을 딴 컬럼

뒤영벌은 1802년 처음 발견된 이후 서유럽과 중유럽에 걸친 넓은 지역에서 흔히 관찰됐다. 하지만 지난 10년 동안 서식지가 파괴되고, 주식으로 삼던 클로버밭이 농경지 개간으로 인해 사라지면서 붉은 엉덩이를 귀엽게 씰룩이던 컬럼뒤영벌 개체 수는 20퍼센트 수준으로 감소했다. 유럽에서 가장 큰 뒤영벌 종인 봄버스 프라그란스 또한 최대 서식지인 러시아와 우크라이나 스텝지대에 대대적인 농경지 개간으로 인해 심각한 위기에 처해 있다.

영국에서 관찰되는 뒤영벌 24종 중 뾰족뒤영벌(봄버스 실바럼 *Bombus sylvarum*), 갈색띠뒤영벌(봄버스 휴밀리스*Bombus humilis*), 큰정원뒤영벌(봄버스 루데라투스*Bombus ruderatus*)을 포함한 6종의 개체수가 최근 들어 80퍼센트 이상 감소했다. 빠르게 사라지는 뒤영벌 6종은 혀가 길다는 공통점이 있다. 이들이 주로 먹이를 구하던 꽃밭을 싹 갈아엎고 그 자리에 대규모 농장을 조성하고 주택과 쇼핑센터를 세운 인간의 욕심 탓에 뒤영벌은 생존을 위협당하고 있다. 노란뒤영벌은 스코틀랜드 북부 헤브리디스 제도와 오크니 제도, 클로버가 넓게 펼쳐진 마커(모래 풀밭) 이외 지역에는 서식하지 않는데, 현재는 매우 드물게 관찰돼 거의 멸종됐다고 여겨진다. 짧은털뒤영벌(봄버스 서브테라니우스 *Bombus subterraneus*)은 1989년 영국에서 완전히 자취를 감췄지만 24년 후 다시 영국으로 들어오면서 겨우 명맥만 이어 가고 있

프랭클린뒤영벌

다(244페이지 참고).

북아메리카에 서식하는 토종 뒤영벌 46종 중 북아메리카를 대표하는 아메리카뒤영벌(봄버스 펜실바니쿠스*Bombus pensylvanicus*), 프랭클린뒤영벌(봄버스 프랑클리니*Bombus franklini*)을 포함해 25퍼센트 이상이 멸종 위기에 처했고, 2017년에는 러스티패치뒤영벌(봄버스 아피니스*Bombus affinis*)이 공식적으로 멸종 위기종으로 분류됐다.

심지어 단생벌은 자료가 부족해 현상 파악이 힘든 실정이다. 예를 들어 유럽에 서식하는 단생벌 2천여 종 가운데 충분한 자료가 주어진 종은 채 절반이 안 된다. 그나마 현황이 확인된 단생벌의 37퍼센트가 개체 수 감소를 경험했으며, 9퍼센트가 멸종을 앞두고 있다. 그중에서도 한 가지 식물에서만 먹이를 구하는 단생벌이 가장 큰 위기에 처했다. 동유럽, 터키, 이탈리아 일부 지역에서 자라는 야생초 바렐리어 지치의 작고 푸른 꽃을 날아다니며 꽃가루와 꿀을 모으는 콜레테스 안쿠사*Colletes anchusae*, 콜레테스 월피*Colletes wolfi*가 대표적이다.

북아메리카와 하와이에 서식하는 토종벌 4천337종을 대상으로 한 대대적인 조사가 2017년 처음으로 실시됐는데, 객관적 평가가 가능한 1천437종 중 25퍼센트 가량이 멸종 위기에 처해 있다는 충격적인 결과가 나왔다. 남아메리카, 아프리카, 아시아, 오세아니아 대륙의 경우 관련 자료가 부족한 탓에 정확한 판단은 어렵지만 현지 연구진의 기록에 따르면 유럽, 북아메리카와 마찬가지로 나머지 대륙에서도 토종벌 개체 수가 급감했다.

해가 갈수록 야생벌과 다른 수분 매개자를 향한 위협이 커지고 있다. 게다가 이런 위협은 상호 연관성을 지니기에 오늘날 야생벌은 그 어느 때보다 심각한 위기를 맞닥뜨렸다. 자세한 내용은 생물다양성과 생태계 서비스에 관한 정부 간 과학 정책 플랫폼Intergovernmental Science-Policy Platform on Biodiversity and Ecosystem Services, 즉 IPBES가 2016년 발간한 보고서에서 확인할 수 있다.

인간이 식품 생산을 목적으로 사육하는 양봉꿀벌 또한 위협에서부터 자유롭지 못하다. 지난 10년 동안 미국과 유럽에서 매년 적게는 40퍼센트에서 많게는 50퍼센트까지 양봉꿀벌 개체 수가 감소하는 안타까운 현상이 관찰됐다. 벌통에서 키우던 벌이 돌아오지 않으면서 군집 붕괴가 일어났기 때문이다. 2006년 처음으로 심각성을 인지한 미국 양봉협회는 영양 불균형, 살충제 섭취, 기생충 감염을 주요한 원인으로 지목했다. 모두 농업의 산업화로 인해 발생한 문제였다. 키우던 벌을 잃은 양봉가는 다시 벌 군집을 구매해 벌통을 채워 넣었지만 야생벌은 그렇게 손쉽게 되살릴 수 없다.

서식지를 잃은 벌

과학과 기술의 발전으로 현대 농업은 과거와 비교할 수 없을 정도로 발전했다. 소박하게 작물을 재배하던 농부는 오늘날 대규모 식량 공급자로 거듭나 수십억 인구를 먹여 살리고 있다. 분명히 잘된 일이다. 하지만 인간의 배를 채우기 위해 벌과 다른 곤충이 치른 대가를 무시해서는 안 된다.

현대 농업 체계에는 위험한 모순이 존재한다. 시간이 갈수록 곤충이 수분하는 농작물은 늘고 있다. 실제로 지난 50년 동안 곤충에 수분을 의존하는 90가지 상업성 작물 생산량은 무려 300퍼센트나 증가했지만, 수확이 증가할수록 벌의 개체 수 감소세는 악화됐다.

농사가 산업화되면서 인간은 한 가지 작물의 대규모 경작을 위해 기존에 밭의 경계를 구분하던 관목 울타리를 제거하고 땅을 개간했다. 인간이 뽑아 버린 나무에 집을 짓고 살던 벌은 그렇게 보금자리와 먹거리를 잃었다. 인간은 잡초를 죽이기 위해 제초제를 살포하고 작물의 성장을 촉진하기 위해 인공비료를 뿌렸고, 벌에게 풍부한 꽃가루와 꿀을 내어주던 야생화 꽃밭은 파괴됐다. 먹이가 사라진 벌은 더 이상 여름을 날 수 없었다. 매년 여름이 끝나갈 무렵에나 가축에게 먹일 건초를 마련하던 농부는 이제 훨씬 이른 시기에 사일리지 사료를 저장했다. 벌에게는 나쁜 소식이었다. 클로버, 알팔파, 콩이 한참 꽃을 피울 시기에 인간이 가축 사료를 준비한다고 목초지에 난 풀을 몽땅 뽑아가는 바람에 풍부한 식량 공급원과 보금자리를 잃었기 때문이다.

농업이 크게 발달한 미국 중서부 옥수수지대와 캘리포니아주의 센트럴밸리 부근에서 벌 개체 수가 심각한 수준으로 감소하는 현상이 관찰됐다. 사람들은 벌통에 키우는 꿀벌이 사라진 야생벌의 빈자리를 채워주길 바랐다. 하지만 해바라기든, 아몬드든, 한 가지 작물만이 끝없이 펼쳐진 곳에서 꿀벌이 번식에 필요한 균형 잡힌 식단을 섭취하기는 어렵다. 게다가 꿀벌에게 오히려 나쁜 영향을 미치는 작물도 있다. 연구 결과에 따르면 블루베리 꽃가루는 산성이 높아 꿀벌 유충의 먹이로는 적합하지 않을 뿐 아니라 심한 경우 박테리아 감염을 유발한

이끼뒤영벌

다. 안타깝지만 아직까지도 블루베리 수분에 꿀벌이 동원되고 있다.

당연한 말이지만 꿀벌 군집은 영양가 넘치는 음식을 꾸준히 섭취할 수 있는 장소에서 훨씬 빨리 덩치를 키운다. 중앙아메리카 산림에 서식하는 무침벌도 마찬가지다. 가축 사육이나 대규모 농업을 위해 나무를 베어내면서 산림은 무서운 속도로 소실됐고, 양봉가들은 벌에게 풍부한 꽃가루와 꿀을 제공하던 나무가 사라지자 먹이를 구하지 못한 수많은 야생벌이 목숨을 잃었다고 보고했다.

영국의 경우 제2차 세계대전 이후 형형색색의 야생화로 가득하던 초원의 97퍼센트가 농지로 개간되거나 콘크리트로 덮였다. 꽃밭을 날아다니면서 먹이를 구하던 벌은 야생화의 다양성이 줄면서 멸종 위기에 처했다.

살충제의 위협에 노출된 벌

현대 농업에 종사하는 농부는 품질 보증 마크를 받기 위해 살충제를 뿌려 농작물의 성장을 방해하고 미관을 해치는 온갖 해충을 제거한다. 문제는 이렇게 살포된 화학 약품이 수분을 돕는 익충의 목숨까지 앗아간다는 데 있다.

살충제가 처음으로 발명된 이후부터 벌은 줄곧 위협에 노출돼 왔다. 1962년, 레이첼 카슨Rachel Carson은 『침묵의 봄Silent Spring』을 통해 살충제가 환경에 얼마나 파괴적인 영향을 미칠 수 있는지 전 세계에 경고했다. 이 책에서 카슨은 20세기 초 미국 남부의 목화 농장에서 수확을 늘릴 목적으로 비소를 뿌린 탓에 근처에 서식하던 벌이 몰살당한 사례를 소개했다. 그로부터 약 50년 후, 화학 전쟁의 부산물인 합성 살충제가 첫선을 보였다. 합성 살충제의 대표 격인 DDT는 벌과 새를 포함해 수많은 야생동물의 목숨을 빼앗았다. 1972년, DDT는 '인간의 암 발병 위험'을 높이고 '환경을 파괴'한다는 이유로 미국에서 사용이 금지됐다. 하지만 DDT가 금지된 이후에도 살충제 사용은 줄지 않았다. 벌에게는 DDT와 똑같이 위험했다. 1965년 에이전트 오렌지(베트남 전쟁에 참전한 미군이 열대우림의 울창한 수풀을 제거하기 위해 흔히 사용한 독성 제초제)를 제조한 회사에서 내놓은 신경계 교란 물질 클로리피리포스 또한 그중 하나였다.

1990년대 중반에 들어 네오니코티노이드라는 새로운 살충제가 등장했다. 네오니코티노이드는 해바라기부터 옥수수, 지방종자에 이르기까지 다양한 식물 씨앗에 폭넓게 적용됐다. 씨앗에 흡수된 농약은 새싹, 줄기, 잎을 타고 올라가 마침내는 꽃까지 퍼져 식물에 접촉하거나 꽃가루, 꿀을 섭취한 곤충의 신경계를 공격한다. 네오니코티노이드는 해충 예방에 강력한 효과를 보여 곧 세상에서 가장 널리 사용되는 살충제가 됐다.

하지만 네오니코티노이드가 첫선을 보인지 채 10년이 안 돼 미국과 유럽의 벌 생태계가 심각하게 파괴되는 부작용이 나타났고, 학계에서는 네오니코티노이드가 벌에 어떤 영향을 미치는지 철저한 조사에 나섰다. 극소량의 네오니코티노이드 노출만으로 꿀벌은 후각을 상실하고 기억력 및 학습 능력 저하를 경험했다. 방향감각 또한 이상이 생겨 먹이를 찾고 집으로 돌아가는 데 어려움을 겪었다. 여기에서 그치지 않고 살충제 과다 살포는 뒤영벌 개체 수와 새로운 여왕 뒤영벌의 생식 활동이 현저히 감소하는 부작용을 낳았다.

2013년 유럽연합이 벌에게 해를 끼칠 수 있다는 이유로 가장 흔히 사용되는 네오니코티노이드 3가지의 사용을 일부 금지하면서 옥수수, 밀, 보리, 귀리, 지방종자 등 작물에 클로티아니딘, 이미다클로프리드, 티아메톡삼 살포가 불가능해졌다.

5년 뒤 네오니코티노이드가 꿀벌과 뒤영벌을 비롯한 벌 생태계에 악영향을 미친다는 사실이 과학적으로 입증됐다. 유럽연합은 야외에서 재배하는 모든 작물에 네오니코티노이드 사용을 영구적으로 금지했다. 하지만 온실에서 재배하는 작물과 실내에서 기르는 식물에 네오니코티노이드를 뿌리는 농가가 적지 않다. 게다가 반려동물용 벼룩 퇴치 목걸이에도 네오니코티노이드가 사용된다.

연구에 따르면 네오니코티노이드 사용이 금지된 후에도 화학 물질에 중독된 벌이 살충제를 뿌린 작물을 찾아 되돌아온다고 한다. 하지만 농약 제조업체에서는 회사에서 만든 상품이 벌 개체 수 감소를 가져왔다는 주장을 받아들일 수 없다는 입장을 취하고 있으며, 여전히 세계적으로 거의 모든 지역에서 농사에 살충제를 사용한다.

꿀벌은 농부가 밭에 뿌린 살충제에 주기적으로 노출되지만 농약이 독성 화학 물질과 접촉하는 유일한 경로는 아니다. 양봉가는 수년 동안 벌에 기생하는 진드기를 퇴치하는 용도로 제조된 약을 벌통에 뿌려 왔다. 이렇게 방치된 벌통에서 어떤 치명적인 바이러스가 퍼질지는 아무도 모르는 일이다.

기생충과 전염병의 공격

20세기 초, 러시아 양봉가들은 얼마 전 새로 개통한 시베리아 횡단 열차를 타고 꿀벌을 실어 동쪽으로 향했다.

안타깝게도 행복해야 할 여행에 예상치 못한 난관이 등장했다. 러시아 양봉가가 들고 온 벌통에 아시아 재래꿀벌과 수백만 년이 넘는 긴 세월 동안 공존해 온 기생충이 우연히 옮은 것이다. 결과는 끔찍했다. 아무런 준비 없이 기생충에 감염된 서양양봉꿀벌은 치명적인 바이러스를 퍼뜨려 목숨을 위협하는 바로아 진드기의 공격에 속수무책으로 당할 수밖에 없었다.

100년이 조금 더 넘는 시간 동안 바로아 진드기는 전 세계 방방곡곡에 서식하는 수많은 서양양봉꿀벌의 목숨을 앗아갔다. 호주만은 예외였다. 이 작은 침입자가 숨어들기에는 호주의 검역이 너무 엄격했다.

바로아 진드기는 붉은빛을 도는 갈색으로 꿀벌 몸통에 붙어 기생한다. 길이가 1.1밀리미터, 너비가 1.5밀리미터밖에 안 되니 우리가 보기에는 몹시 작지만 숙주인 꿀벌 크기가 고작 14밀리미터라는 점을 생각하면 상당히 큰 편이다. 개한테 붙은 벼룩과는 비교할 수 없을 정도다. 아마 인간의 등에 원숭이가 붙어 피를 빨아 먹는다고 생각하면 이해가 쉬울 것이다. 게다가 꿀벌 한 마리에 진드기 여러 마리가 붙을 때도 많다.

자연의 섭리에 맡겨 두었더라면 결국 꿀벌은 진드기를 이겨낼 방법을 찾았을 것이다. 하지만 수천 년이 걸릴지도 모르는 일이다. 스웨덴의 고틀란드섬에서 실시한 실험에 따르면 바로아 진드기에 저항성을 지닌 군집은 꿀벌 군집보다 규모가 작은데다 사나운 편이라 농작물 수분을 목적으로 키우기에는 적합하지 않았다.

추운 겨울이 지나고 따뜻한 봄이 돌아오면 모든 양봉가는 벌통을 열면서 제발 꿀벌이 혹독한 겨울을 잘 넘기고 건강한 군집을 형성했길 기도한다. 기대와 달리 바로아 진드기에 전염돼 군집이 전멸했거나, 병에 걸려 비실대는 꿀벌 몇 마리만 남은 벌통을 본 양봉가의 마음은 찢어진다. 양봉가는 내가 관리를 잘했더라면 이런 일은 벌어지지 않았을 텐데, 스스로를 탓한다.

바로아 진드기는 매년 수많은 꿀벌의 목숨을 앗아간다. 그리고 양봉가는 득실을 따져가며 대응 방법을 고민한다. 화학물질을 뿌려서 바로아 진드기를 퇴치하는 양봉가가 있는가 하면, 수벌을 도태시켜 군집 붕괴를 예방하는 양봉가도 있다.

하지만 기생충 외에도 전 세계를 돌아다니며 벌의 생존을 위협하는 요소가 존재한다. 아메리카 대륙에 이주한 유럽인이 의도치 않게 홍역을 비롯한 질병을 퍼뜨려 헤아릴 수 없이 많은 원주민의 목숨을 빼앗았듯, 서양뒤영벌과 같이 다른 대륙으로 수출되는 벌이 토종벌에 바이러스를 옮기는 불상사가 발생할 수도 있다.

1990년대 초반, 북아메리카에 서식하는 뒤영벌 2종이 상업적 사육을 목적으로 유럽에 수출됐다가 미국 온실에서 재배하는 작물 수분을 위해 다시 수입됐다. 유럽으로 향했던 뒤영벌이 고향에 돌아온 지 15년 만에 토종 뒤영벌 종 개체 수

서양뒤영벌

가 빠르게 감소하는 현상이 관찰됐다. 유럽에서 키우는 농작물의 꽃가루를 퍼뜨리기 위해 바다를 건너갔던 서양뒤영벌(봄버스 오시덴탈리스*Bombus occidentalis*)도 그중 하나였다. 노란띠뒤영벌(봄버스 테리콜라*Bombus terricola*)과 멸종 위기 판정을 받은 러스티패치뒤영벌, 아마도 미국 최초로 멸종된 뒤영벌인 프랭클린뒤영벌 또한 예외는 아니다. 한때 오리건주 남부 언덕지대와 캘리포니아주 북부에서 쉽게 찾아볼 수 있던 프랭클린뒤영벌은 2006년 8월 9일 마지막으로 목격된 후 아직 모습을 드러내지 않고 있다. 세계적으로 인정받는 뒤영벌 전문가 로빈 소프Robbin Thorp는 유럽으로 수출된 서양뒤영벌이 바이러스에 감염된 채 미국으로 돌아와 생태계에 질병을 퍼뜨렸고, 생전 처음 맞닥뜨린 바이러스에 면역력이 없던 미국 토종벌이 떼죽음을 당했다고 주장한다.

남아메리카에서도 비슷한 일이 벌어졌다. 파타고니아에 서식하는 유일한 토종벌이라 여겨지는 거인황금뒤영벌(63페이지 참고)은 서양뒤영벌이 칠레에 유입된 지 20년이 채 안 돼 자취를 감췄다. 남다른 적응력을 자랑하는 건장한 서양뒤영벌은 온실을 탈출해 안데스산맥을 넘어 수백 킬로미터 떨어진 아르헨티나 남부까지 진출했다. 서양뒤영벌이 이동하면서 남긴 치명적 질병에 거인뒤영벌이 전염됐을 확률이 높다.

전염병과 바이러스는 꽃을 매개로 다른 종으로 퍼진다. 병에 걸린 벌이 들렀다 간 꽃에 건강한 벌이 방문하는 과정에서 바이러스가 옮는다. 병에 걸린 벌의 발 또는 몸통이 꽃잎에 닿으면서 꽃에 바이러스가 남을 때도 있고, 주둥이를 통해 꿀이 오염될 때도 있다. 기생충 또한 비슷한 방식으로 전염된다.

아프리카 작은벌집딱정벌레처럼 우연히 화물칸에 올라탄 낯선 해충은 동승한 꿀벌에게 심각한 피해를 미칠 수 있다. 아프리카 꿀벌은 벌집 입구에 딱정벌레가 얼씬도 하지 못하도록 강하게 진화했다. 어떻게 입구를 뚫고 벌집에 침범한다고 해도 프로폴리스로 만든 감옥에 갇혀 꼼짝 못 하는 신세가 된다. 반면 북아메리카와 호주에 서식하는 꿀벌은 생전 처음 본 딱정벌레의 공격에 아무런 힘을 쓰지 못하고 무기력하게 당할 수밖에 없다.

마찬가지로 2004년 중국에서 발송된 도자기 상자를 통해 프랑스에 유입된 아시아 말벌은 유럽 꿀벌을 공포에 떨게 했다. 아시아 말벌은 새끼에게 꿀벌 유충을 먹이는 데 그치지 않고 벌집을 엉망으로 들쑤신다. 아시아의 재래꿀벌은 특별한 방법으로 벌집을 찾아온 불청객을 물리친다. 재래꿀벌 수백 마리가 둥글게 말벌을 둘러싸고 근육을 진동시켜 46도까지 온도를 올리면 말벌은 열공격을 버티지 못하고 죽고 만다. 안타깝게도 서양양봉꿀벌은 열을 발산할 수 없으니 벌침으로 침입자를 공격하는데, 효과는 그리 대단하지 않다.

2016년, 콘월과 데본에서 아시아 말벌이 발견됐다. 덩치가 작고 다리가 노란 아시아 말벌은 스페인 북부를 지나 채널 제도를 건너 영국까지 건너온 것이다.

역사상 가장 화려했던 생물학적 침입 사례를 꼽자면 아프리카화꿀벌(88페이지 참고)이 빠질 수가 없다. 아프리카화꿀벌은 브라질에서 출발해 중앙아메리카를 거쳐 미국 남부까지 진출했는데 여기서 지구온난화로 인한 기온 상승이 큰 역할을 했다.

기후 변화가 벌에 미치는 악영향

해가 갈수록 기온이 오르고, 기상 이변이 잦아지고, 계절의 구분이 모호해지고 있다. 모두 기후 변화로 인해 나타난 현상이다. 그리고 이로 인해 벌은 생존에 위협을 받고 있다.

새로운 서식지를 찾아 떠날 수 없는 개체군은 특히 멸종될 가능성이 크다. 지구 최북단에 서식하는 북극뒤영벌(62페이지 참고)과 유럽에서 두 번째로 큰 뒤영벌 종인 봄버스 하이퍼보리우스*Bombus hyperboreus*는 높아지는 기온에 고통받고 있다. 비교적 넓은 지역에 걸쳐 발견되는 벌도 안전하다고는 할 수 없다. 중유럽과 동유럽, 터키를 서식지로 삼은 사과뒤영벌(봄버스 포모럼*Bombus pomorum*)이 기후 변화에 맞춰 생존하기 위해서는 스칸디나비아반도 최북단까지 이동해야 한다는 연구 결과도 있다.

1901년에서 1974년까지 북아메리카와 유럽에 서식하는 벌의 서식지 이동을 조사한 연구에 따르면 연구 대상으로 선정된 67종 중 대다수가 원래 서식하던 지역 내에서 가장 북쪽으로 쫓겨나듯 보금자리를 옮겼다. 기후 변화로 인해 기온이 상승하면서 서식할 수 있는 범위가 300킬로미터 가까이 줄어들었기 때문이다.

콜로라도주 로키산맥에서 이루어진 또 다른 연구는 지난 40년에 걸쳐 눈이 녹는 시기가 초봄으로 앞당겨지고, 봄여름 평균 기온이 상승하고, 봄 동안 서리가 내리는 날이 점차 줄어들자 꽃과 벌 사이의 미묘한 균형 관계가 깨지면서 고산지대에 서식하는 뒤영벌 3종의 개체 수가 눈에 띄게 감소했다는 결과를 발표했다.

허리케인, 홍수, 가뭄 등 기상 이변 또한 벌의 생태를 위협한다. 인도네시아에 폭우가 잦아지자 현지 농작물 수분에 중요한 역할을 하던 야생 거인꿀벌은 먹이를 구하지 못하고 떼죽음을 당했다. 마찬가지로 허리케인이 중앙아메리카를 관통하는 빈도가 높아지면서 무침벌 서식지가 황폐화됐고, 보금자리를 잃은 벌이 수도 없이 목숨을 잃었다.

날씨가 너무 가물어도 문제가 된다. 물이 부족하면 식물의 생식 활동이 저하되고, 생식 활동이 저하되면 꽃이 줄어들고, 당연히 벌이 먹을 꿀도 부족해진다. 캘리포니아주에서는 가뭄

이 일상이 됐다. 양봉가들은 꿀벌이 먹이를 찾을 수 있도록 벌통을 가지고 북쪽의 다코타주나 몬태나주로 향한다. 하지만 야생벌은 먹이를 찾기 위해 그렇게 먼 길을 떠날 수 없으니 꼼짝없이 굶어 죽고 만다.

생물다양성과 생태계 서비스에 관한 정부 간 과학 정책 플랫폼IPBES은 21세기에 기후 변화와 서식지 감소, 과도한 자원 개발, 외래 침입종의 유입이 맞물리면서 꽃가루를 옮겨 식물의 생식 활동을 돕는 수많은 종이 멸종할 것이라는 예측을 내놓았다. 다가오는 비극을 늦추기 위해 인간의 적극적인 개입이 필요하다.

유전적 다양성의 상실

벌은 지난 6천만 년 동안 수많은 위기를 이겨내고 오늘날까지 유전자를 이어왔다. 이토록 뛰어난 생존 능력에도 불구하고 벌이 오늘날 마주한 위기를 이겨내지 못하는 이유가 무엇일까? 여러 가지 원인이 있겠지만, 유전적 다양성의 상실이 그중 하나일 것이다. 20세기 초, 데본 지방 벅패스트 수도원에서 신앙을 키우던 애덤Adam 수도사는 여러 가지 서양양봉꿀벌 품종을 이종 교배해 양봉에 적합한 특징을 갖춘 꿀벌을 만드는 데 성공했다. 이렇게 탄생한 꿀벌은 순하고, 꿀을 많이 생산하는데다가 떼를 지어 다니는 성향이 약했다. 벅패스트꿀벌은 발칸반도가 고향인 카니올란꿀벌, 이탈리아꿀벌을 비롯해 성격이 유순한 일부 꿀벌종과 더불어 오늘날까지 전 세계에서 많은 사랑을 받고 있다. 하지만 인간에게 환영받지 못하는 종이 오늘날 벌이 마주하는 다양한 문제에는 오히려 뛰어난 적응력을 보인다. 2006년, 서양양봉꿀벌의 유전자 염기서열이 완벽히 밝혀졌다. 2015년, 재래꿀벌의 염기서열 또한 세상에 공개됐다. 이제 전문 벌 브리더는 양봉에 완벽히 알맞은 유전적 특성만을 선택해 입맛에 맞게 꿀벌을 만들어 낼 수 있게 됐다. 하지만 인간의 손에서 탄생한 불완전한 변종의 유전자가 현재와 미래의 적에 대항할 능력을 포함하는지는 확인할 길이 없다.

자연에 대한 인간의 몰이해

자연에 대한 인간의 몰이해야말로 벌이 마주한 가장 큰 위협이라 할 수 있다. 인간은 대부분 음식이 식탁 위에 오르기까지 벌이 어떤 역할을 했는지 인식하지 못한다. 인간은 자신을 자연의 일부라고 생각하지 않는 경향이 있다. 이런 사람들은 자연을 주말 동안 한적한 시골에 가서 여유롭게 즐기는 정경 또는 화학 물질과 거대한 기계로 정복해야 할 대상이라고 생각한다.

1970년대에 부모님 차를 타고 시골에 드라이브를 가면 자동차 앞 유리가 온갖 날벌레로 까맣게 뒤덮였다. 가끔씩 시야를 가려서 갓길에 차를 세우고 유리창을 닦아야 할 정도였다. 그때는 유리창에 부딪히는 벌레가 끔찍이도 싫었다. 운전하던 아버지는 나지막이 욕을 뱉곤 했다. 지금은 다 지난 일이다. 그 많던 벌레는 다 어디로 갔을까? 얼마 전 아마추어 곤충학자 수십 명이 독일의 자연보호구역에서 1989년 사용된 날벌레 채집 방법을 기반으로 날벌레 개체 수가 얼마나 줄었는지 알아보는 연구를 실시했다. 27년 동안 날벌레의 4분의 3이 사라졌다는 결과가 나왔다. 한 해 평균 채집된 날벌레 무게가 76퍼센트나 줄어든 것이다. 심지어 날벌레가 가장 많은 계절인 여름에는 감소세가 심화돼 차이가 무려 82퍼센트로 벌어졌다. 믿기 힘든 결과에 충격을 받은 과학자들은 살충제 노출과 먹이 부족을 날벌레 감소 현상의 주요한 원인으로 꼽았다. 가파른 감소세는 인류가 '생태학적 아마겟돈'을 향해 나아가고 있다는 경고로 받아들여진다.

종종 잊곤 하지만 인간 또한 자연의 일부다. 인간이 먹이사슬의 꼭대기를 차지하고 있을지는 모르나 우리의 경솔한 행동으로 인해 벌이 사라지고, 식물이 사라지고, 동물이 사라지고 나면 결국 인간 또한 무사하지 못할 것이다. 스코틀랜드에서 태어나 미국으로 이주해 북아메리카 환경보존운동에 첫 불씨를 지핀 환경운동가 존 뮤어John Muir는 이렇게 말했다. "자연의 아주 작은 한 부분을 잡아당겨 보면 그 한 가지가 온 세상에 연결돼 있다는 사실을 알게 될 것이다." 지금 인간은 행성을 지탱하는 안전핀을 손가락에 걸고 이를 뽑을지 말지 고민하고 있다. 우리가 어떤 결정을 내리는지에 따라 지구의 미래가 달라질 것이다. 지금도 늦지 않았으니 힘을 합쳐 별을 구할 방법을 알아보자.

네 번째 장

벌과 공존

멸종 위기종을 구하는 데 나는 아무런 도움이 안 될 거라고 지레짐작하고 노력조차 포기하는 사람이 많다. 도시 사람들은 특히 애써봤자 달라지는 건 없다며 무력감을 느낀다.

하지만 연구 결과에 따르면 일부 뒤영벌 종은 도시에 터를 잡았을 때 군집을 훨씬 빨리, 훨씬 크게 키운다. 영국 노팅엄에서 도시와 시골 중 어떤 환경에 더 많은 단생벌이 서식하고 있는지 알아보는 연구가 실시됐다. 놀랍게도 외곽의 목초지와 자연보호구역보다 교회 묘지, 가로수, 공원, 주차장 등 도심에서 500미터 내에 자리한 녹지에 집을 짓고 사는 단생벌이 더 많았을 뿐 아니라, 종류 또한 다양했다. 영국에 서식하는 단생벌의 22퍼센트, 즉 48종이 도시에서 발견됐다. 그중에는 희귀종인 콜리옥시스 쿼드리덴타타*Coelioxys quadridentata*도 있었다. 지금도 많은 자연학자가 도심 속 녹지에 서식하는 벌을 관찰하고 있다. 예를 들어 한 생태학자는 방치되다시피 한 런던 북동부의 묘지에서 네줄꽃벌(앤소포라 쿼드리마쿨라타*Anthopora quadrimaculata*), 털보꼬마꽃벌(라시오글로섬 라티벤터*Lasioglossum lativentre*)을 포함한 단생벌 34종을 발견했다. 런던 남동부에 거주하는 한 시민은 집 근처 공원에서 각기 다른 벌 44종의 사진을 찍었는데, 도통 눈에 띄지 않아 희귀검정애꽃벌(안드레나 니그로스피나*Andrena nigrospina*)이라 불리는 희귀종의 사진도 남아 있었다.

하지만 도심의 모든 녹지가 벌에게 적합한 환경을 제공하지는 않는다. 교외 주택에 사는 사람들은 앞마당을 없애고 주차장을 만드는가 하면, 지나치게 자주 잔디를 깎아 벌에게 해를 입힌다. 하지만 우리는 간단한 방법으로 벌을 도울 수 있다. 우리의 작고 단순한 행동으로 대단한 변화가 일어나니 보람도 그만큼 크다. 혼자서 할 수 있는 일도 있고, 벌에게 도움을 주고 싶다는 다른 사람과 힘을 합쳐야 하는 일도 있다. 여러분도 함께하지 않겠는가?

벌을 돕는 간단한 방법 5가지

· 1년 내내 마당에 꽃이 피도록 다양한 식물을 심어라.

· 벌이 집을 지을 수 있는 공간을 마련하라.

· 제초제와 살충제를 사용하지 마라.

· 잔디 깎는 기계는 창고에 보관하라.

· 벌이 목을 축일 수 있는 물을 제공하라.

벌을 위한 정원 가꾸기

영국의 정원은 마을이나 도시 전체 면적의 4분의 1에서 많게는 3분의 1을 차지한다. 따라서 우리가 정원을 어떻게 가꾸느냐에 따라 큰 차이를 만들 수 있다. 정원에 라벤더를 잔뜩 심으면 6월과 7월에는 뒤영벌이 꿀을 따느라 붕붕대는 소리를 들을 수 있을 것이다. 하지만 라벤더가 꽃을 피우기 전, 단생벌이 추위를 견디며 꽃가루를 찾아 날아다니고 여왕 뒤영벌이 꽃가루와 꿀을 먹고 얻은 에너지로 새 보금자리를 마련하는 초봄에는 이 정원에서 벌을 찾아보기 힘들 것이다. 문제를 해결하는 방법은 간단하다. 벌이 1년 내내 꽃가루와 꿀을 찾을 수 있도록 다양한 꽃과 나무를 심으면 된다. 날씨가 예전만큼 춥지 않아 겨울에도 흔히 관찰되는 몇몇 뒤영벌에게 특히 큰 도움이 돼 줄 것이다.

헬레보레, 시클라멘, 크로커스는 매년 초에 꽃을 피워 이른 봄에 벌에게 꽃가루와 꿀을 내어준다. 헬레니움과 아프리카 데이지는 날씨가 쌀쌀해지는 가을에 꽃을 피운다. 체리나무, 갯버들, 마호니아 덤불 또한 훌륭한 식량원으로 여름이 오기 전 벌에게 풍부한 먹이를 제공한다.

벌에게 도움이 되는 식물을 선택하는 좋은 방법이 있다. 큰 꽃집에 가서 어떤 꽃에 벌이 많이 방문하는지 관찰하면 된다. 우리 생각보다 꽃가루나 꿀이 없는 불임꽃이 많은데, 화려하고 다채로운 꽃잎으로 많은 사랑을 받는 펠라르고니움이 그중 하나다. (흔히들 펠라르고니움을 제라늄으로 오해하는데, 삼쥐손이 또는 쥐손이풀이라고 불리는 진짜 제라늄은 벌에게 인기가 아주 많은데다가 몇몇 제라늄은 여름 내내 꽃을 피운다.) 장미나 다알리아 같은 겹꽃의 경우 관상용으로는 훌륭하지만 벌 입장에서 꿀을 얻기가 쉽지 않다. 그러면 어떤 꽃을 골라야 할까? 몇 가지만 간단히 이야기하자면, 혀가 짧은 벌도 어렵지 않게 꿀을 따 먹을 수 있도록 국화처럼 납작하거나 깊이가 깊지 않은 꽃을 고르는 편이 좋다. 혀가 긴 벌도 있으니 종처럼 깊은 꽃을 몇 가지 같이 심어도 나쁘지 않다. 스위트피나 살갈퀴처럼 앞쪽에 입술 모양 꽃잎이 달려 있어 벌이 내려앉기에 적합한 꽃을 선택하길 추천한다. 그리고 꽃은 아주 빽빽하게 심어 풍성한 꽃밭을 만들어

라. 벌이 더 좋아할 것이다.

요즘에는 벌 친화적인 꽃에 따로 표시를 해둔 꽃집도 많다. 하지만 덜컥 꽃을 구매하기 전에 네오니코티노이드 성분을 처리하지 않았는지 꼭 확인해야 한다. 앞에서 이미 이야기했듯 네오니코티노이드로 수많은 벌이 희생당했기 때문이다(196페이지 참고). 벌에게 도움이 되는 식물을 정리해 둔 목록도 많지만 목록에 있는 꽃이 여러분의 정원에 잘 맞는지, 다음 해에도 꽃을 피울지, 어떤 벌이 꽃을 찾아올지는 알 수 없다. 아마 여러 번 실패를 반복하면서 차츰 정답을 찾아갈 것이다. 정원에 깔아둔 흙 종류, 날씨, 정원 크기, 일조량, 이미 정원에 서식하고 있는 동식물 등 처음부터 다양한 변수를 모두 고려해 딱 맞는 꽃을 찾는 사람은 굉장히 드물 것이다.

일단 확실히 아는 정보를 가지고 선택지를 줄여 나가자. 정원에 달팽이가 있다면 해바라기, 루핀, 다알리아를 뜯어 먹는 달팽이와 싸우느라 힘을 빼는 대신 파, 아니스히솝, 개박하처럼 벌이 좋아하지만 복족류는 관심을 보이지 않는 꽃을 키우면 된다. 정원의 흙이 너무 차져 배수가 잘 안 된다면 원예용 흙을 섞길 추천한다. 이른 봄 로즈메리부터 늦여름 골파, 타임, 민트, 야생 마조람까지 무덥고 건조한 기후에 적합한 다양한 지중해산 허브가 꽃을 피울 것이다.

벌은 주로 양지에서 먹이를 찾는다. 하지만 여러분의 정원에 해가 잘 들지 않는다면 렁워트, 금장초, 이질풀, 가을모란을 심어서 벌을 정원으로 불러들여라.

대부분의 꽃은 벌이 들렀다 간 후 다시 꿀이 차기까지 얼마간 시간이 걸린다. 하지만 5월부터 9월까지 꽃을 피우는 컴프리는 언제든 벌이 방문할 수 있도록 늘 꿀을 준비하고 있다. 벌 친화적 정원을 꾸민다면 빠뜨려서는 안 되는 식물이다. 컴프리는 한해살이 식물이지만 가만히 내버려두면 스스로 씨앗을 퍼뜨려 알아서 잘 자란다. 벌에게 도움을 주고 싶다면 정원 관리에 지나치게 집착하지 않는 편이 좋다. 따로 심지도 않았는데 어느새 꽃을 피운 어여쁜 하늘색 물망초나 알카넷, 노란 민들레를 골칫거리 취급하는 정원사가 많다. 하지만 우리가 잡초로 여기는 이 식물은 사실 뿌리를 내릴 장소를 잘못 찾았을 뿐이다. 쓸데없이 자리를 차지한 천덕꾸러기 취급을 받는 야생초는 다른 꽃이 피기 전 벌에게 풍성한 먹거리를 제공한다. 게다가 꽃이 지고 나면 쉽게 파내거나 뽑아낼 수 있으니 너무 걱정하지 않아도 된다.

벌에게 풍부한 먹이를 제공하는 민들레와 클로버가 자랄 수 있도록 잔디를 깎는 빈도를 줄이는 것도 괜찮은 방법이다. 아예 현삼과科로 분류되는 일년생 풀 옐로우 래틀 씨앗을 뿌려도 좋다. 옐로우 래틀은 잔디를 숙주로 삼는 기생식물로, 다양한 야생화와 허브가 자랄 공간을 마련하는 데 도움이 된다. 흰

이른 봄에 꽃을 피우는 갯버들

꽃클로버나 크리핑 타임, 꿀풀처럼 나지막하게 자라는 다년생 풀을 심는 방법 또한 추천한다. 정원이 벌에 꼭 알맞은 환경으로 탈바꿈할 것이다. 창고 지붕에 방수막을 깔고 영양분이 풍부한 흙을 얇게 깐 다음 야생화 씨앗을 뿌려 야생화로 뒤덮는 방법도 고려해 보길 바란다.

도시에 사는 꿀벌에게 나무는 풍부한 꽃가루와 풀을 얻을 수 있는 최고의 식량 보급처나 마찬가지다. 이른 봄, 일벌은 갯버들에 늘어진 꽃차례에서 꽃가루를 모으고 체리나무와 자두나무 꽃송이를 분주히 오가며 꿀을 딴다. 한여름이 다가오면 길가에 가로수나 공원에 조경수로 심어진 라임나무를 찾아 탐스럽게 핀 흰 꽃을 파고든다.

의지만 충분하다면 얼마 안 되는 야외 공간도 벌에게 1년 내내 먹음직스럽고 영양가 넘치는 먹이를 제공하는 귀중한 장소로 탈바꿈할 수 있다. 인동, 다년생 스위트피, 벌이 유독 좋아하는 클레마티스 등 덩굴 식물이 쉽게 벽을 타고 오르도록 격자 구조물을 설치하면 훌륭한 벌 식당이 완성된다. 또, 정원에 울타리를 치는 대신 벌 친화적 관목과 겨울에 꽃을 피우는 동설목, 개암나무, 섬개야광나무, 딸기나무 덤불을 적절히 섞어 계절과 관계없이 꽃을 피우는 생울타리를 만들 수도 있다. 울타리로 단순히 경계를 구분하는 데 그치지 않고 불청객의 접근을 막고 싶다면 초여름 작고 하얀 꽃을 피우는 호랑가

시나무처럼 뾰족한 가시로 뒤덮인 관목을 적당히 섞어주면 된다. 벌을 돕는 한편 울타리 역할을 훌륭히 해낼 것이다.

창가에 꽃을 심은 바구니나 화분을 매달아도 좋다. 파티오, 발코니, 테라스, 창틀에 핀 꽃은 지친 벌이 잠시 쉬었다 갈 수 있는 휴게소가 된다. 이른 봄에 꽃을 피우는 구근 식물, 한여름에 피어나는 야생화, 늦여름이 다 돼서야 꽃이 피는 다년생 식물을 함께 심으면 1년 내내 벌에게 맛있는 간식을 제공할 수 있다.

연구에 따르면 벌은 토종식물과 외래식물을 가리지 않는다. 꽃이 피고, 먹이를 얻을 수만 있다면 식물 원산지가 어디가 됐든 간에 중요하지 않다.

특별히 돕고 싶은 벌 종이 따로 있다면 벌 친화적 식물 리스트를 참고해도 큰 도움이 안 될 것이다. 영국 원예가 로시 롤링스Rosi Rollings는 옥스퍼드셔 로지비 널서리Rosybee Nurseries에 다양한 식물을 심고 어떤 벌이 어떤 꽃을 좋아하는지 알아보기로 했다. 5년쯤 지나자 선호가 눈에 보이기 시작했다. 뒤영벌은 꽃차례에 달린 파란 꽃에서 (서양지치과에 해당하는 다른 식물과 마찬가지로) 하루 종일 꿀이 생산되는 에치윰을 좋아했다. 높이 자라지는 않지만 여름 내내 보라색 꽃을 피우는 개박하(네페타 라세모사*Nepeta racemosa*)도 꽤 인기가 많았다. 초가을 바늘방석같이 동그랗고 붉은 꽃이 피는 마케도니아 체꽃(나티아 마케도니카*Knautea* *macedonica*) 또한 뒤영벌이 즐겨 찾는 꽃 중 하나였다.

단생벌에게 가장 인기가 좋은 꽃은 야생 제라늄이었다. 롤링스는 자주색 접시 모양 꽃에 붙은 작고 검은 벌을 유심히 관찰했다. 일반인의 눈에는 파리처럼 보였겠지만, 틀림없이 단생벌이었다. 진꼬마꽃벌(라시오글로섬 칼시아툼), 백악꼬마꽃벌(라시오글로섬 풀비콘*Lasioglossum fulvicorn*), 이름이 무색하게도 크기가 6밀리미터밖에 안 되는 큰가위벌(켈로스토마 플로리솜네*Chelostoma florisomne*)이 유독 자주 보였다. 노란 데이지꽃을 닮아 황금마가렛이라는 별명으로 불리는 안세멤 틴크토이라*Anthemem tinctoira* 에도 많은 단생벌이 찾아왔다. 단골손님으로는 노란발애꽃벌(안드레나 플라비페스*Andrena flavipes*), 잿빛애꽃벌(안드레나 시네라리아*Andrena cineraria*), 미장이벌(콜레테스 시밀리스*Colletes similis*), 청동고랑벌(할릭투스 투물로럼*Halictus tumulorum*)이 있었다. 키가 작은 개박하 주변에서는 가위벌과 페인트애꽃벌(안드레나 푸카타*Andrena fucata*)이 흔히 관찰됐다. 캄파눌라스campanulas라는 이름으로 불리는 초롱꽃은 작은가위벌에게 인기가 많았는데, 켈로스토마 캄파눌라룸*Chelostoma campanularum*이라는 학명부터가 작은가위벌이 어떤 꽃을 좋아하는지 보여준다. 털이 거의 없어 몸통이 초록빛으로 금속처럼 반짝이는 스미스미안고랑벌(라시오글로섬 스미스마넬룸*Lasioglossum smeathmanellum*)과 흰턱노란얼굴벌(힐라에우스 컨푸서스*Hylaeus confusus*) 또한 작은가위벌 못지않게 초롱꽃 근처에서 자주 목격됐다.

놀랍게도 오랫동안 꽃을 피우고 벌에게 인기가 많은 식물 중에는 재채기풀과 에델바이스와 같은 불임꽃도 있다. 이런 불임꽃은 꿀은 있지만 꽃가루는 없다는 공통점을 지니는데, 어떻게든 유전자를 퍼뜨리기 위해 점점 더 많은 꽃을 피워 보지만 애초에 꽃가루가 없으니 헛된 노력일 뿐이다.

조약돌과 수생식물

벌의 주식은 꿀이지만 다른 동물과 마찬가지로 물을 마시지 않고는 살 수 없다. 벌의 발길을 끌어당기는 정원을 완성했다면 이제 물을 준비할 차례다. 얕은 그릇에 조약돌을 가득 채우고 물을 받아 놓으면 벌이 내려앉아 물을 마실 것이다. 정원에 연못이 있다면 수생식물을 충분히 띄워 두길 바란다. 벌은 헤엄을 칠 수 없으니 연못 중간에 벌이 앉을 만한 곳을 마련하지 않는다면 의도치 않게 수많은 벌의 목숨을 위협하게 될지도 모른다.

안락한 보금자리

꿀벌과 똑같이 야생벌 또한 집 근처에서 먹이를 찾는다. 그러니 벌이 마음 놓고 쉴 수 있는 보금자리를 마련해 주자. 구멍에 터를 잡고 사는 진흙벌과 가위벌을 위해 벌 호텔을 만들기는 아주 쉽다.

우리는 정원 창고에 벌 호텔 8개를 만들어서 매달아 뒀다. 남쪽에 입구를 둔 호텔은 정원을 바라보고 있다. 늦봄, 가위벌이 모습을 드러내고 활동을 시작할 때쯤엔 정원이 알카넷과 민들레로 푸르게 뒤덮이니 경치가 꽤 볼만할 것이다. 이웃에서는 장미를 기른다. 지난해 우리는 나무로 만든 단생벌 아파트를 마련했다. 아파트에는 분리가 가능한 덧문이 두 개 붙어 있어 언제든 벌이 만든 매혹적인 세상을 관찰할 수 있다.

벌 호텔 만들기

준비물:

· 정원용 노끈 또는 철사
· 1리터들이 플라스틱 물통 또는 길이 20센티미터, 지름 10~15 센티미터 플라스틱 하수관
· 직경 5~15밀리미터 대나무 줄기 또는 비슷한 형태로 말아 둔 판지
· 작고 날카로운 칼
· 소형 톱
· 망치와 못

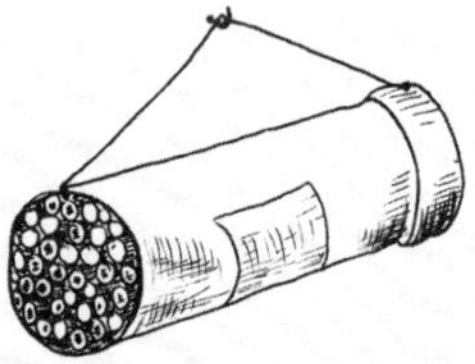

벌 호텔 만드는 법: 플라스틱 물통 또는 플라스틱 하수관을 길이 20센티미터쯤 되게 자른 다음 노끈이나 철사가 통과할 수 있게 양끝에 작은 칼집을 낸다. 노끈/철사로 고리를 만들어 호텔을 매달 예정이다. 대나무 줄기를 물통/하수관보다 살짝 짧게 자른다. 혹시 뿌리혹이 대나무 줄기를 막고 있지는 않은지 꼭 확인하라. 미리 잘라 둔 대나무 줄기를 구매해도 좋고, 대나무 줄기를 구하기 어렵다면 빳빳한 종이를 말아 지름 15밀리미터 대롱을 만들어도 괜찮다.

물통/하수관에 대나무나 종이 원통을 빽빽하게 채워 넣는다. 대나무 또는 대롱이 흔들리는 것 같으면 작은 나뭇가지나 식물 줄기를 중간에 끼워 넣는다.

벌 호텔을 설치할 장소 찾기: 직사광선이나 바람이 들지 않도록 벽이 세워진 남향집이 가장 이상적이다. 식물이 해를 막아 그늘이 지면 좋지 않다. 벌 호텔은 땅에서 최소 1미터 떨어진 높은 곳에 매달아야 한다. 빗물이 대나무 줄기나 대롱에 들어오지 않도록 살짝 기울여 두는 것을 잊지 마라. 벽에 못을 박고 노끈이나 철사로 단단히 고정하라.

벌 호텔을 설치하기에 좋은 시기: 이른 봄, 사과나무가 꽃을 피우기 전에 설치하라.

벌 호텔에 입주자가 있는지 확인하는 법: 진흙 덩이나 잎사귀를 옮기거나 배에 꽃가루를 잔뜩 묻히고 호텔을 드나드는 벌을 관찰할 수 있을 것이다. 가위벌은 대롱에 알을 6개 또는 7개 낳은 뒤 진흙으로 입구를 막는다. 늦여름이 되면 잎사귀가위벌이 잘 씹은 잎사귀를 뱉어 입구를 봉인할 것이다.

따로 준비해 두면 좋은 재료: 진흙 한 덩이를 준비해 두면 붉은가위벌에게 도움이 될 것이다. 붉은가위벌은 진흙을 이용해 대롱에 벽을 세워 방을 만들고, 입구를 봉인한다. 마찬가지로 잎사귀가위벌은 잎사귀를 이용해 벽을 세우고 입구를 막는다.

우리는 성충이 알을 낳을 방을 준비하는 모습, 알에서 깨어난 유충이 꽃가루를 먹고 성장해 고치를 트는 광경까지 벌의 성장 단계를 두 눈으로 지켜봤다. 지금까지 단생벌 10여 종이 아파트를 거쳐 갔다.

단생벌을 위해 마련할 수 있는 보금자리는 이외에도 다양하다. 나무토막에 구멍을 깊게 뚫어 놓으면 방직벌과 왕가위벌이 찾아와 터를 잡을 것이다. 남쪽을 향해 오래된 잔디나 흙을 쌓아 만든 둑은 애꽃벌을 불러들인다. 굳이 뭔가를 새로 준비할 필요 없이 낡아서 무너져 가는 벽을 허물지 않고 놔두면 꽃벌, 애꽃벌, 고랑벌이 집을 짓고 사는 모습을 볼 수 있다.

야외 공간이 넓다면 4층짜리 벌 호텔을 만들어도 좋다. 목재 팔레트를 쌓아 올리고 빈 공간에 드릴로 구멍을 낸 통나무, 대나무 줄기, 건초, 빨대를 가득 채워 놓은 뒤 비가 새지 않도록 타일이나 잔디로 지붕을 깔면 완성이다.

잊지 말고 벌이 집을 꾸미는 데 필요한 재료를 마련해 두자. 예를 들어 정원에 왕가위벌이 자주 드나든다면 작은 자갈을 준비하고, 방직벌이 종종 보인다면 램스이어 무더기를 쌓아 두면 된다.

뒤영벌 벌집

뒤영벌 또한 보금자리가 필요하다. 하지만 안타깝게도, 뒤영벌은 인간이 준비한 벌집을 썩 좋아하지 않는다. 우리는 뒤영벌이 찻주전자 주둥이나 화분 밑으로 돌출된 호스를 통해 땅속을 드나든다는 글을 읽고 정원 한편에 땅을 파서 찻주전자를 뒤집어 뒀지만 뒤영벌의 관심을 끄는 데는 실패했다. 뒤영벌은 대개 빈 쥐구멍을 좋아하니 차라리 구멍 안에 쥐 우리에 깔았던 톱밥을 넣어 뒀으면 성공했을지도 모르겠다. 쥐 냄새를 맡은 뒤영벌이 구멍을 찾아 들어오지 않았을까 한다.

땅 위, 시들어서 떨어진 나뭇잎 더미나 긴 잔디 사이에 집 짓는 걸 좋아하는 뒤영벌도 있으니 정원 한구석을 정리하지 말고 지저분한 상태로 놔두길 추천한다. 퇴비통에 집을 짓는 뒤영벌도 가끔 있다. 특이한 취향을 지닌 뒤영벌을 위해 자그맣게 퇴비 더미를 만들어 두면 어떨까? 어차피 여름이 끝나면 뒤영벌 군집 또한 운명을 다할 것이고, 뒤영벌이 머물던 퇴비는 거름으로 사용하면 된다. 높은 장소를 선호하는 뒤영벌은 주로 나는 법을 익힌 아기 새가 떠나고 남은 빈 새집에 터를 잡는다. 이들을 위해 새집을 몇 개 더 만들어 걸어두자. 집을 떠났던 새가 돌아왔을 때쯤 이미 뒤영벌 군집은 쇠퇴했을 것이다.

벌을 위한 도시

벌이 시골보다 도시에 잘 적응해서 살아가는 이유 중 하나를 꼽자면, 도시에서는 시골만큼 농약을 많이 사용하지 않기 때문이다. 예를 들어 파리는 이미 10년도 더 전에 도시 내 농약 사용을 금지했다. 시애틀, 코펜하겐, 도쿄 또한 같은 결정을 내렸다. 하지만 글리포세이트라는 화학 물질로 이루어진 제초제를 살포하는 도시가 아직 많이 남아 있다. 이 도시에 사는 사람들은 보도블록 사이에 나는 풀을 제거하고 정원 잔디에 잡초가 자라지 않도록 라운드업RoundUp이라는 브랜드에서 만든 제초제를 사용한다. 글리포세이트의 사용이 벌 개체 수 감소를 유도할 수 있다는 연구 결과가 무색하게 느껴진다.

만약 도시에 거주하는 모든 사람, 그러니까 약 100만 명쯤

되는 시빈이 뒷마당과 주택 지붕, 테라스를 야생벌을 위한 안식처로 꾸민다면 온 도시가 화사한 꽃으로 뒤덮일 것이다. 당연히 벌은 1년 내내 먹이 걱정을 할 필요가 없어진다. 하지만 개인이 정원을 가꾸는 것만으로는 충분하지 않다. 사무실 옥상을 녹지로 탈바꿈해 벌 호텔을 설치하고, 학교 공터에 벌 친화적인 공간을 조성해야 한다. 실제로 학생이 직접 과일과 채소를 키우며 수분을 돕는 곤충에 대해 배우는 학교도 많다. 여기서 그치지 않고, 우리는 정치계에 시에서 관리하는 녹지를 사람과 자연이 공존할 수 있는 공간으로 꾸미는 후보에게 소중한 투표권을 행사할 것이라는 의지를 보여줘야 한다. 정치인들은 시민이 깔끔하게 정리된 잔디를 좋아한다고 오해하곤 한다. 하지만 다년생 식물을 풍부하게 심어 둔 정원이 벌에게 훨씬 큰 도움이 되며, 대부분의 벌이 침을 쏘지 않는다는 사실을 설명한다면 잘 깎인 잔디에 질서정연하게 꾸며 놓은 꽃밭보다 다채로운 식물이 자연스럽게 자란 녹지를 선호하는 사람이 훨씬 많을 것이다. 게다가 벌을 고려해서 도시를 꾸미는 데는 대단한 예산이 들지 않는다. 거리와 공원에 나무를 더 심자고 건의하기도 어렵지 않다. 지금까지는 가로수와 조경수를 선택할 때 곤충의 입장을 고려하는 경우가 드물었지만, 벌을 생각하는 사람이 점차 늘어난다면 선택에 영향을 미칠 수 있을 것이다.

벌을 비롯한 꽃가루 매개 곤충에게 도움이 되는 방향으로 도시 조경을 꾸미는 움직임이 늘어나고 있다. 유명한 정원디자이너 피에트 우돌프Piet Oudolf는 시카고의 루리에 정원과 맨해튼의 하이라인파크에 특유의 자연스러운 평원 느낌을 적용했으며, 나이젤 더넷Nigel Dunnett은 런던 올림픽파크에 멋진 야생화 꽃밭을 꾸며 놨다.

경제성장을 위주로 이루어졌던 과거의 도시 재개발로 인해 도시는 자연의 일부가 아니라고 생각하는 사람이 많았다. 하지만 벌을 비롯해 점점 더 많은 야생곤충과 야생동물이 먹이와 보금자리를 찾아 도시로 향하자 도시생태학자들은 생물다양성 보존을 고려해서 도시개발계획을 세워야 한다는 의견을 제시했다. 샌프란시스코와 토론토 등 일부 도시에서는 새로운 건물을 건설할 때 홍수 위험을 줄이고, 대기 질을 개선하고, 도시 온도를 낮추는 데 도움이 되도록 옥상정원을 조성해야 한다는 법을 제정했다. 게다가 1년 내내 꽃이 지지 않게끔 다양한 식물을 심는다면 옥상정원은 훌륭한 벌 서식지가 될 것이다. 현재 생태학자와 야생동물 단체는 '벌 통로' 또는 '비라인'이라고 불리는 사회 기반 시설을 마련하기 위해 새로운 방법을 고안하고 있다.

오늘날 수많은 사람이 도시에 터를 잡고 살아가는 만큼, 도시는 벌의 미래를 결정하는 데 중요한 역할을 한다. 도시 사람들은 벌의 중요성을 배우고, 벌과 교류하는 방법을 익히고, 환경보존단체에서 자원봉사자로 활동하며 다양한 벌을 구분하는 안목을 키울 수 있다. 이웃 또는 거주지 근처 사회단체와 힘을 합쳐 야생동물 서식지 보호 및 조성 프로젝트에 참여하고, 미국의 백만 마리 벌을 위한 정원 꾸미기Million Pollinator Garden Challenge 또는 영국의 도시의 벌Urban Buzz과 같은 환경운동에 동참할 수 있다. 도시는 곤충을 보호하는 공간이 돼야 한다. 마침내 인간이 놀랍도록 다양한 벌이 지닌 가치를 깨닫고 감사히 여길 때 비로소 벌을 구하려는 노력이 빛을 발할 것이다.

2000년대 초반, 꿀벌 군집 붕괴가 연이어 언론사 1면을 장식하면서 꿀벌을 향한 대중의 관심이 높아졌다. 환경 자선단체 및 선거운동기구는 앞다투어 꿀벌 보호를 외쳤다. 수백만 명이 소중한 꽃가루 매개자를 구해야 한다는 서명운동을 펼쳤고, 정부는 이들의 목소리를 무시할 수 없었다.

몇몇 나라는 국가적 차원에서 마을, 도시, 시골에 서식하는 벌을 보호하는 전략을 시행했다. 2018년, 유럽연합은 꽃가루 매개 곤충 보호 이니셔티브를 출범했다. 여기에는 연합 가입국에 곤충 서식지 보호에 힘을 보탤 것을 촉구하는 실행 계획이 포함돼 있다.

벌 친화적 농업

앞에서 이야기한 조치만으로는 벌을 구할 수 없다. 식량 생산 자체가 변화해야 한다. 지난 70년 동안 정부와 국제기구는 저렴한 가격으로 수십억 인구에게 먹을거리를 제공한다는 명목으로 야생벌을 비롯한 곤충에 엄청난 피해를 야기하는 산업형 농업에 보조금을 지원해 왔다.

하지만 아직 실낱같은 희망이 남았다. 지난 30년 동안 영국의 농부는 힘을 합쳐 3만 킬로미터가 넘는 생울타리를 재건했으며, 여기에 그치지 않고 축구장 1만 개 면적에 맞먹는 드넓은 야생화 서식지를 조성했다. 영국 이외에도 일부 국가에서는 꿀벌 부족 현상에 대응하기 위한 노력의 일환으로 농부가 직접 나서서 환경보호단체와 함께 야생벌 서식지 꾸미기를 실천하고 있다. 2006년 이후 미국에서 꿀벌 개체 수가 급감하면서 캘리포니아주 센트럴밸리 아몬드 과수원 110제곱킬로미터에 야생화가 심어졌다. 하지만 이는 과수원 전체 면적인 4천제곱킬로미터의 3퍼센트조차 안 된다. 연구 결과에 따르면 어떤 농장이 아무리 훌륭한 야생벌 서식지를 조성한다고 해도 주변 농장이 기존의 농업 방식을 고수하는 이상 야생벌의 도움을 받아 농작물을 수분하려는 시도는 실패할 수밖에 없다.

그렇다면 농가에서 벌을 보호하는 방향으로 작물 재배 방식을 바꾸는 데 우리는 어떤 역할을 할 수 있을까? 유럽에서 수백만 명이 특정한 살충제 사용에 반대하는 운동을 실시했고, 정치계는 요구를 받아들여 살충제 사용을 금지했다. 이 사례는 민중의 목소리가 합쳐지면 엄청난 변화를 가져올 수 있음을 잘 보여준다. 살충제 반대 운동은 꿀벌 보호에 초점을 맞췄지만 오늘날 우리는 야생벌을 구하는 데 더 큰 노력을 기울일 필요가 있다. 제초제 사용을 금지하고 농가에 무농약 재배, 야생화 꽃밭 조성 및 벌집 마련을 의무화하면 어떤 결과가 관찰될까? 또한 우리는 소비자로서 영향력을 미칠 수 있다. 벌 친화적 농법으로 재배된 아몬드와 블루베리만을 소비한다면 변화가 나타나지 않을까?

농가, 제조사, 소매업자와 한자리에 앉아 우리가 가진 우려를 설명한다면 어떨까? 함께 머리를 맞대고 해결책을 고민한다면 벌을 비롯한 꽃가루 매개 곤충에 도움이 되는 식품 공급 사슬을 생각해낼 수 있지 않을까? 벌에게 피해가 가지 않는 방식으로 음식을 생산하려면 식재료 단가가 조금 올라갈 수는 있다. 하지만 그만한 가치가 있을 것이다.

미국에서 5번째로 농업이 발달한 미네소타주는 주지사에게 꽃가루 매개 곤충을 보호하는 방법에 대해 조언을 주기 위해 2016년 농업인, 제초제 업계, 조경사, 양봉가, 환경운동가 대표로 구성된 시민단체를 출범했다. 물론 시민단체 구성원의 의견이 항상 일치하지는 않았지만 농가에서 곤충 친화적인 재배법을 도입할 수 있도록 주정부가 재정 및 기술 지원을 제공해야 한다는 주장에는 다들 동의했다. 실제로 네오니코티노이드 처리된 씨앗 사용을 중지한 농가는 보상금을 수령했다.

의지만 있다면 농부는 다양한 방법으로 꽃가루 매개 곤충을 도울 수 있다. 이뿐만이 아니다. 연구 결과에 따르면 밭 근처에 야생화를 심어 더욱 다양한 야생벌을 끌어들일수록 농작물 수분이 훨씬 잘 이루어진다. 실제로 야생화 꽃밭 조성으로 호박, 서양호박, 토마토 수확이 2배에서 많게는 3배까지 증가한 사례도 있다. 하지만 정부가 보조금을 지원한다고 해도 곤충 친화적 농법을 채택하는 농가는 사실 그리 많지 않다.

우리에게는 변화를 유도할 힘이 있다. 2019년 초, 바이에른에서 독일 남부 농업 관행의 획기적 변화를 촉구하는 청원이 진행됐다. 100만 명 이상이 동의를 표시하는 서명을 남겼다. 정치인들은 국민의 요구를 받아들여 6년 내에 전체 농지 20퍼센트를 벌 친화적으로 탈바꿈하겠다고 약속했다. 독일 정부는 2030년까지 농지의 30퍼센트를 개선해 동식물 개체 감소세를 상승세로 뒤집을 예정이다.

리와일딩

리와일딩은 멸종 위기에 처한 동물을 되살려 생태계를 복원하는 환경보호 활동을 의미한다. 영국 웨스트서식스에 자리한 면적 55제곱킬로미터의 넵 에스테이트Knepp Estate는 리와일딩 성공사례로 유명하다. 과거 넵 에스테이트는 정부의 보조금을 받아 전통적인 농업 관행으로 우유와 작물을 생산하면서 토지를 오염하고 생태계를 파괴했다. 하지만 오늘날에는 매년 영국 납세자로부터 수령한 25만 파운드를 생태계와 동식물 서식지를 복원하는 데 사용하고 있다. 먼저 농장에 울타리를 제거하고 우리에 갇혀 있던 동물을 방목했다. 10년쯤 지나자 들판에 야생화, 살갈퀴, 클로버, 개망초, 금방망이가 만개했다. 갯버들 덤불이 빽빽하게 자라났고, 산사나무와 야생 자두

나무가 뿌리를 내렸다. 생태계가 되살아나자 벌이 돌아왔다. 국가 보호종으로 지정된 7종을 포함한 62종이 관찰됐다. 특히 노란 부처꽃만 방문하는 멜리타 트리싱타*Melitta tricincta*, 멜리타 유로파에아*Melitta europaea*를 포함해 특정한 꽃에 선호를 보이는 몇몇 희귀종이 넵 에스테이트에서 발견되며 리와일딩 성공을 알렸다.

넵 에스테이트의 주인은 소규모 토지를 소유한 농부가 리와일딩을 실시하도록 우대책을 제공하면 향후 25년 안에 다양한 야생동물이 수풀이 우거진 초원을 누비고 꽃가루 매개 곤충의 개체 수가 급증할 것이라 믿고 있다.

서식지가 충분히 회복된다면 이미 멸종된 야생벌을 되살리는 것도 가능하지 않을까?

돌아온 벌

영국은 짧은털뒤영벌이 모습을 감춘 지 24년 만에 해당 종을 재도입하는 데 성공했다. 그동안 짧은털뒤영벌에 적합한 서식지를 조성한데다가, 타국에서 건강한 짧은털뒤영벌 개체를 발견한 덕분이다. 농부와 지주는 정부에서 지원금을 보조받아 환경보호단체와 함께 수년에 걸쳐 습지와 농지 13제곱킬로미터를 꽃이 가득한 벌 서식지로 탈바꿈시켰다. 붉은토끼풀이 초지를 뒤덮었다. 들판 가장자리에 야생화 씨앗을 뿌리는 사람도 있었고, 목초지 복원 사업에 뛰어드는 사람도 있었다. 원래는 1885년 영국에서 뉴질랜드로 보냈던 짧은털뒤영벌의 후손을 다시 데리고 올 예정이었지만 오랜 세월 이어진 근친교배 탓에 유전적 다양성이 위험할 정도로 부족한데다가 생존

가능성이 희박했다. 다행히 스웨덴에서 건강한 짧은털뒤영벌을 발견해 영국으로 들여왔다. 기쁜 소식은 계속됐다. 다른 희귀종 뒤영벌이 연이어 재건된 서식지로 돌아왔다. 25년의 공백을 뒤로하고 뾰족뒤영벌이 다시 모습을 드러낸 것이다. 큰정원뒤영벌도 10년 만에 관찰됐다. 붉은몸뒤영벌 또한 복귀했다. 멸종됐다고 생각한 갈색띠뒤영벌과 이끼뒤영벌(봄버스 무스코럼*Bombus muscorum*)이 보란 듯 부활했다.

하지만 안타깝게도 멸종 위기에 처한 벌을 다시 데려오는 방법은 극히 일부 종에 한해서만 적용할 수 있다. 북아메리카에 서식하는 프랭클린뒤영벌과 러스티패치뒤영벌을 비롯한 많은 야생벌은 특정 지역을 벗어나서는 살 수 없기 때문이다(188페이지 참고). 먹이 부족이 벌 감소의 유일한 이유는 아니다. 새로 나타난 벌이 질병을 퍼뜨리기도 하고, 기후 변화로 인해 서식지가 파괴되기도 한다. 야생화를 아무리 많이 심어도 이런 문제가 해결되지는 않는다.

클로버에 앉은 짧은털뒤영벌

더 나은 미래를 향해

도시의 양봉가가 되기로 결심하고 야생벌 지킴이를 자처하기까지 우리는 많은 것을 배우고 또 자연의 놀라움에 다시 한 번 감사하는 마음을 가지게 됐다. 자연은 섬세하고 아름다운 태피스트리를 떠올리게 한다. 다양한 요소가 복잡하게 얽혀 있는 동시에 경이롭고 종잡을 수 없다. 하지만 한 가지만은 분명했다. 벌은 생태계 유지에 핵심적인 역할을 수행한다. 벌 덕분에 꽃가루를 옮겨서 유전자를 널리 퍼뜨린 식물은 호흡에 필요한 산소를 생성하고, 우리가 먹는 음식을 생산한다. 또한 인간과 지구를 공유하는 새와 포유류에게 먹이와 보금자리를 제공한다.

벌은 자그마한 몸통으로 막중한 책임을 짊어지고 있다. 우

작물 사이에서 뿌리를 내린 야생화와 그 주위를 날아다니는 벌

리가 지금 이렇게 살아 숨 쉴 수 있는 것 또한 벌과 상호의존적인 관계를 유지하고 있기 때문이다. 안타깝게도 이런 관계는 작은 분열에도 쉽게 무너질 수 있으며, 실제로 금방이라도 붕괴될 위기에 처해 있다. 돌이킬 수 없는 미래가 다가오기 전 한시라도 빨리 큰 그림을 이해해야 한다. 그리고 이를 위해서는 주변의 작은 것들을 새로운 시각으로 바라볼 필요가 있다. 19세기 시인 윌리엄 블레이크William Blake가 "모래 한 알에 세상을 보고, 야생화 한 송이에 천국을 본다"고 하지 않았던가.

우리가 다양한 모습을 한 수많은 벌을 진정으로 이해하고 사랑할 때 비로소 벌에게 도움의 손길을 내밀 수 있다. 어쩌면 너무 늦기 전에 이 놀라운 생명체의 목숨을 구하고 더 나아가 우리의 목숨을 구할 수 있을지도 모른다.

감사의 말

놀라운 영감을 불어넣어 준 캐서린 르윈에게 감사인사를 전한다. 페니 메탈이 『곤충도감Insectinside』을 통해 페컴 공원 덤불 사이에서 발견한 다양한 단생벌을 소개하며 첨부한 사진도 큰 도움이 됐다. 또, 로지 롤링스가 벌 종에 따른 꽃 선호를 관대하게 공유해준 홈페이지 www.rosybee.com 덕분에 한결 수월하게 글을 쓸 수 있었다. 자료 조사를 담당한 폴 펠드먼, 원고를 멋지게 편집한 앤디 보들에게도 감사하다. 마이클 오마라 북스의 가브리엘 네메스가 기회를 준 덕분에 이 책을 세상에 선보일 수 있었다. 마지막으로 항상 옆에서 우리를 지지해준 가족과 친구에게 고맙다고 말하고 싶다.

참고문헌

Benton, T., 『Solitary Bees Naturalists' Handbooks 33』, Pelagic Publishing, 2017

Embry, P., 『Our Native Bees: North America's endangered pollinators and the fight to save them』, Timber Press, 2018

Falk, S., 『Field Guide to the Bees of Great Britain and Ireland』, Bloomsbury, 2015

Goulson, D., 『Bee Quest』, Jonathan Cape, 2013

Metal, P., 『Insectinside, life in the bushes of a small Peckham park』, 2017, https://insectinside.me

Michener, C., 『Bees of the World』, John Hopkins University Press, 2000

Tautz, J., 『The Buzz about Bees: Biology of a Superorganism』, Springer, 2008

Tree, I., 『Wilding: The Return of Nature to a British Farm』, Picador, 2018

Von Frisch, K., 『The Dancing Bees: An Account of the Life and Senses of the Honey Bee』, Methuen, 1954

벌, 우리의 친절한 이웃

우리가 몰랐던 벌에 대한 이야기

초판 인쇄 | 2022년 05월 25일

초판 발행 | 2022년 05월 30일

지은이 | 앨리슨 벤저민 & 브라이언 맥캘럼

옮긴이 | 김한슬기

펴낸이 | 조승식

펴낸곳 | 돌배나무

공급처 | 북스힐

등록 | 제2019-000003호

주소 | 01043 서울시 강북구 한천로 153길 17

전화 | 02 - 994 - 0071

팩스 | 02 - 994 - 0073

홈페이지 | www.bookshill.com

이메일 | bookshill@bookshill.com

ISBN 979-11-90855-34-1

값 16,000원

* 이 도서는 돌배나무에서 출판된 책으로 북스힐에서 공급합니다.

* 잘못된 책은 구입하신 서점에서 교환해 드립니다.